전파기술에의 초대

그 발전과 발상의 흐름을 캔다

도쿠마루 시노부 지음
이정한·손영수 옮김

전파과학사

머리말

우리 지구에는 여러 가지 파동이 있다.

대지에는 지진파, 해양에는 파도, 대기 속에는 기상파, 이런 것들은 우리의 감각으로도 파악하기 쉬운 파동이다.

그런데 전파, 이것은 귀에 익은 말이다. 전파통신, 이것도 무척 친근한 말이다. 그러나 솔직히 말해서 좀처럼 이해하기 어려운 것이 전파가 아닐까.

전파는 전자기파라는 파동의 한 무리다. 적외선, 빛, 자외선, X선, 감마선 등도 전자기파이며 전파의 친척뻘이 된다. 간단히 전자기파라고는 하지만, 그것의 성질은 여러 가지여서 주파수 또는 파장이라고 불리는 것에 따라 전파, 빛 등으로 분류되고 있다.

전파는 전자기파의 무리 중에서는 가장 에너지가 낮은 파동이며, 그 파장이 수십 킬로미터에서 0.1㎜ 정도인 것을 말한다. 전파는 파장에 따라 장파, 중파, 단파 등으로 더욱 세분된다.

우리는 이 전파를 직접 눈으로 볼 수는 없다. 만약 전파가 눈에 보인다면 전파를 직감적으로 이해하기는 쉬울지 몰라도, 동시에 지상을 어지러이 날아다니는 숱한 전파가 눈에 거슬려 우리는 금방 미쳐 버릴지도 모른다.

전파가 눈에 보이지 않는다고 해서 걱정할 필요는 없다. 실제로 우리와 관계되는 전파기술은 알고 보면 의외로 단순하고 명백한 것이다. 메추라기 알을 세워 보라느니, 타조 알을 세워 보라느니 하는 말을 들었을 때, 콜럼버스의 달걀 이야기를 알고 있다면 일단 방법에 대한 지침을 틀리지는 않을 것이다. 인간이 무엇을 캐내 보려고 정면으로 참선을 하며 궁리하는 것도 하나의 방법이 되겠지만, 원숭이의 사회를 관찰하면서 무심코 회심의 미소를 머금게 되는 것이 또한 보다 본질적일 경우도 있다.

그래서 이 책에서는 전파에 관한 기술과 인간의 관계를 원시적인 역사적 체험을 중심으로 해서 이것저것 펼쳐 보았다. 편안한 마음으로 부담 없이 읽어 주었으면 한다.

끝으로 고단샤의 다카하시, 야나다 두 분에게 많은 신세를 졌다. 감사의 뜻을 표한다.

차례

6

kHz=10³Hz, MHz=10⁶Hz, GHz=10⁹Hz, THz=10¹²Hz)

주파수 f	3kHz	30kHz	300kHz	3MHz	30MHz	300MHz	3GHz	30GHz	300GHz	3000GHz(3THz)
파장: λ	100km	10km	1km	100m	10m	1m	10cm	1cm	1mm	0.1mm
명칭	미리아 미터파	킬로 미터파				미터파	센티 미터파	밀리 미터파	서브 밀리파	
	장 파		중 파	단 파		초단파	극초단파 마이크로파			
	very low frequency	low frequency	medium frequency	high frequency	very high frequency	ultra high frequency	super high frequency	extremely high frequency		
기호	V.L.F	L.F	M.F	H.F	V.H.F	U.H.F	S.H.F	E.H.F		
약칭(band)						P	L	S	X	K	Q
주된 용도	전파항법	선박통신	방송 (550kHz 1600kHz)	단파통신	방송 (90MHz 220MHz)	텔레비전방송 (470MHz 770MHz)	레이더 마이크로파통신		밀리미터파통신	

전파의 분류[40]

(우측 위의 번호는 권말 참고문헌 (40)에서 인용한것을 의미함. 이하 같음)

약칭 [P: 225~390MHz   X: 5200~11000MHz
       L: 390~1550MHz   K: 11000~33000MHz
       S: 1550~5200MHz Q: 33000~55000MHz]

1장 무선통신의 여명
전파를 몰랐던 시대의 이야기

1. 대지로 흐르는 전류

C. A. 슈타인하일

대(大)수학자의 평범한 조언

영국에서는 C. 휘트스톤과 W. 쿡이, 미국에서는 J. 헨리와 S. 모스, 그리고 독일에서는 C. 가우스와 W. 베버가 전신의 실용화를 목표로 연구를 거듭하고 있던 시대의 일이다.

1833년 어느 날, 독일의 C. 슈타인하일은 뉘른베르크역 근처의 철로에 전신 송신기를 접속하고 이웃 역에는 수신기를 설치하여, 전선 대신에 두 줄의 철로를 사용할 수 있는지를 조사하고 있었다. 반드시 어떤 결과를 기대할 수 있으리라고는 생각하지 않았으나, 그래도 대(大)수학자 가우스 선생의 조언이 있기도 해서 한 번 해 볼까 하는 가벼운 마음으로 실험하고 있었다. 예상했던 대로 이웃 역에 설치한 수신기는 까딱도 하지 않았다.

그래서 이번에는 송신기와 상당히 가까운 위치에 있는 철로에다 수신기를 장치해 보았다. 그러자 이번에는 바늘이 조금 흔들렸다. '하하……. 이웃 역에서 수신이 되지 않았던 것은, 두 철로 사이의 대지로 전기가 흘러가 버린 것이 원인이었군. 선생님도 괜한 법석을 떨게 하셨어'라고 그는 생각하였다.

어스의 발견

그러나 잠깐! 이것을 반대로 생각해서 대지에다 적극적으로 전류를 흐르게 하고, 이 전류를 전신에 이용한다면 전선을 두 가닥에서 한 가닥으로 줄일 수 있지 않을까? 슈타인하일의 이 예상은 멋지게 들어맞았다. 이와 같이 전선의 전류를 대지로 흐르게 함으로써 등장한 것이 오늘날 어스(Earth, 접지)라 불리며, 그 후의 전신, 전화의 발달에 큰 영향을 끼치게 되었다.

2. 땅속이나 물속을 흐르는 전류를 이용하여

닻에 걸린 전선

S. F. 모스

무선전신에 대한 요구는 유선전신의 이용 범위를 확대하고자 하는 욕구에서 일어나고 있었다. 즉 강이나 바다의 건너편과 통신을 하고 싶다거나, 재해 등으로 전선이 끊겼을 때 통신을 어떻게 하는가, 외딴섬이나 등대와의 통신은 연안을 방위하기 위해서도 매우 중요한 일이 아닌가 하는 등등의 생각에서 비롯된 것이다.

뉴욕주에서 1.5㎞쯤 떨어져 있는 한 섬과 통신을 하고자 하는 요구에 응해서, 1842년 S. 모스는 해저전선을 부설하였다. 그리하여 감격적인 통신 시험을 하고 있던 중 한순간, 몇 마디를 주고받던 신호가 갑자기 뚝 끊어져 버렸다. '이크, 야단났구나' 하고, 그가 해저전선을 부설한 근처 수역을 두리번거리자 때마침 한 척의 배가 닻을 끌어 올리고 있지 않은가. 닻에 걸려 전선이 끊어졌던 것이다(그림 1-1).

여기서 유선전신이 지니는 한계성의 일면을 눈앞에서 목격한

18

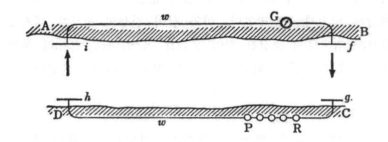

〈그림 1-1〉 도전식 무선통신(모스, 1842년)[3]: 한 전극(h)으로부터 다른 전극(g)
으로 강 속을 직접 흐르는 전류도 존재하지만, 일부는 화살표처
럼 흘러서 건너편의 검출기(G)를 작동한다

그에게는 금방 한 가지 아이디어가 떠올랐다. 그리하여 훗날
이 아이디어를 살려 워싱턴의 포토맥강을 끼고 실시한 실험에
성공했던 것이다. 그 시스템은 다음과 같은 발상이었다. 즉 2
개의 전극을 충분한 간격으로 매어서 이쪽 강 속에 설치하고,
이것과 대응하는 건너편의 강 속에도 2개의 전극을 설치한다.
그리고 이 건너편의 전극에 수신기를 접속한다. 이쪽의 전극으
로부터 흘러 나간 전류는 대부분 강 속을 통해서 이쪽의 다른
전극으로 흘러가 버리지만 그 일부는 건너편에 있는 전극으로
도 흘러간다. 이 전류가 수신기를 동작시킬 만큼 충분한 양이
면 되는 것이다.

실용화된 도전통신

이런 종류의 대지전류, 수중전류 등 도전전류를 이용한 무선
통신은 그 후 W. 프리스를 비롯한 많은 연구자들에 의해서 연
구, 개발되어 갔으며 최종적으로는 1887년에 영국의 W. 스미

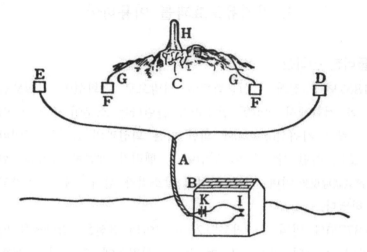

〈그림 1-2〉 등대통신 시스템(스미스, 1887년)[3]

스의 시스템이 외딴섬에 있는 등대와 실시한 통신으로서 실용
화되었다(그림 1-2). 등대가 세워질 만한 해류가 급한 곳에서는
해저전선이 바위와 마찰해서 언젠가는 절단될 것이 분명하다.
그럴 바에야 애초부터 접속하지 않아도 될 선을 바닷속에 던져
넣는 편이 훨씬 편리할 것이다.

  미국에서도 1922년에 이러한 도전식(導電式) 무선통신이 탄광
의 갱내통신에 이용됐다고 한다.

  이런 종류의 통신 시스템은 현재, 침몰선의 인양 작업에 종
사하는 잠수부와 모선 사이의 통신에 이용되고 있다. 또 대지
로 전류를 흐르게 해서 흐르는 전류를 지표(地表)의 각 지점에
서 측정하여 땅속에 있는 물질을 찾아내거나, 별난 예로는 고대
의 유적을 탐사하는 등의 목적에도 이용되고 있는 듯하다.

3. 자기유도효과를 이용하여

둘러친 전화선

1867년에 전화가 실용화되어 사방으로 전화선이 가설됐을 때, 곧 전화에서 이상한 말소리가 들린다는 소문이 번졌다. 어떤 사람은 지귀선(地歸線)에 의한 다른 회선과의 간섭일 것이라고 했고, 어떤 사람은 이 원인이 J. 헨리가 발견한 자기유도현상(磁氣誘導現象)이며, 다른 회선의 말소리가 섞여 드는 것이라고도 하였다.

1877년에 빈의 모사커는 120m 길이의 전선을, 전화선을 따라가며 20m의 간격으로 쳐 두고, 전화선에 전도*되는 통화 내용을 엿들을 수 있었다고 한다. 또 1879년에는 이탈리아의 H. 듀포가 15m 길이의 선을 전화선과 평행하게 15~45㎝의 간격으로 쳐 두고, 자기유도효과에 의한 누화(漏話)**를 확인하였다.

그러나 뭐니 뭐니 해도 이 자기유도효과를 유명하게 만든 것은 1880년의 성(聖)피에르섬에서 일어난 사건이었다. 이 섬에는 2개의 전신국이 있었는데 이들은 서로 60m의 거리에 있었고, 그 사이에는 전선이 연결되어 있지 않았는데도 서로 다른 국의 신호를 엿들을 수 있었다고 한다. 이 일로 말미암아 자기유도 현상에 대한 기술자들의 관심이 갑자기 높아진 것은 말할 것도 없었다.

---

* 편집자 주: 열이나 전기가 물체 속을 이동함
** 편집자 주: 서로 다른 회선의 신호가 다른 회선에 영향을 주는 현상

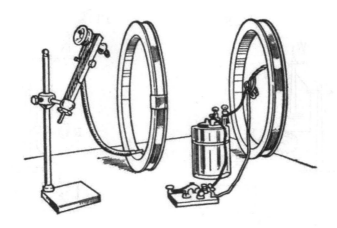

〈그림 1-3〉 자기유도식 무선통신(트로브리지, 1880년)[3]: 모스의 키
      (Key, 전건)*의 신호는 자기장의 변화로 바뀌고, 이 변
      화를 수신코일의 수화기로 듣는다

실용화된 자기유도통신

전류계에 연결된 코일 속에서 자석을 움직이면 전류계의 바
늘이 흔들린다. 이것이 자기유도효과이다. 자석을 움직이는 대
신 그곳에다 전자석이나 코일을 두고, 거기에 흐르는 전류를
변화시켜도 마찬가지 현상이 일어난다. 이 자기유도효과를 이
용해서 1880년에 신호를 무선으로 송신하려 한 최초의 인물이
미국의 J. 트로브리지였다. 그는 도전통신으로 선박통신을 최종
적으로는 대서양 사이의 무선통신으로까지 실현하겠다고 말했
던 사람이다. 그러나 그는 자기유도통신이나 도전통신에 어느

---

* 편집자 주: 손으로 조작하여 전기회로를 개폐하는 장치. 모스부호를 보
  낼 때 사용된다.

22

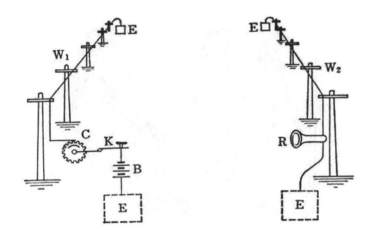

〈그림 1-4〉 자기유도식 무선통신(프리스, 1892년)[4]: 키(K)로 만들어진 신호는 회
전기(C)에 의해 단속신호로 변환되고, 가선(W₁)에 흐른다. 이 신호
를 자기유도로써 다른 가선(W₂)에서 받아, 수화기(R)로 듣는다

것으로도 실제로 통신 실험을 한 일은 전혀 없었다(그림 1-3).

1884년이 되자, 영국의 W. 프리스가 자기유도식 무선통신의
대규모적인 실험을 시작했다. 1885년에는 한 변이 40m인 직사
각형 모양으로 된 도선을 친 코일을 만들어, 이것을 900m 간
격으로 2개 설치하고 그 사이의 자기유도를 이용한 통신에 성
공하였다. 그는 이것에 자신감을 얻어 숱한 실험을 반복하였다.
정부는 그 성과를 인정하고 그에게 브리스틀해협의 통신을 계
획하라는 명령을 내렸다. 그리하여 마침내 1892년에는 192Hz
의 교류전원의 전기진동을 단속(斷續: 끊었다 이었다 함)시킨 모스
신호를 해안을 따라 가설한 22㎞의 도선에 흘려 보냈다. 이 신
호는 8㎞ 떨어진 섬에서는 수신할 수 없었으나, 5㎞ 거리의 섬

에 가설된 550m 길이의 도선에서는 수신이 되었다. 이 해협통신의 성공으로 프리스의 이름이 단번에 유명해졌다(그림 1-4).

그런데 이런 종류의 무선통신 방식은 현재 어떤 곳에 이용되고 있을까? 극장 안에서의 음성통신이나, 박물관 등에서 전시물을 수화기로 설명하는 등으로 이용되는 외에, 철도의 안전대책으로는 건널목 등에서의 통행 차량의 통제용으로 빼놓을 수 없게 되어 있다.

4. 공중전기를 이용

공중전기통신

대기 속의 전기를 조사하기 위해 B. 프랭클린이 연을 띄웠지만 통신을 목적으로 띄운 것은 미국의 치과 의사 M. 루미스가 처음이었을 것이다.

1872년 그는 버지니아주의 한 산에서 도선이 달린 연을 띄우고, 이 도선을 모스의 키를 통해 대지에 접지(어스)하였다. 그리고 16㎞ 떨어진 산에서도 연을 띄우고는 그것에 달린 도선을 검전기(檢電器)에 연결하였다. 이 전지가 전혀 없는 장치로 모스의 키에 의한 신호가 16㎞나 떨어진 곳에 송신됐다고 한다.

그의 주장은 다음과 같은 것이었다.

대기 속에는 마찰로부터 생기는 공중전기(空中電氣)가 분포해 있다는 것은, 프랭클린 이래의 상식이다. 연의 고도를 더 높여주면 그만큼 대지 사이의 전위차(電位差)도 커진다. 지금 상공에 있는 전기를 모스의 키로 단속해서 대지로 흐르게 하면 대기 속의 공중전기 분포의 평형 상태가 깨져서 전기의 파동이 발생한다. 이 파동이 맞은편 산까지 대기 속을 전파해서 검출된다는 것이다.

이렇게 흥미진진한 연구가 달리 또 있으랴. 의회에서는 즉각 이 발명가를 위해서 보조금을 지급하기로 결의하였다. 그러나 대통령이 끝내 서명을 하지 않아 결국 보조금은 나가지 않았다고 한다. 그런데 루미스는 그의 실험을 구체적으로 제시하려 하지 않았기 때문에 사람들이 그를 상대하지 않게 되었고, 그저 괴상한 연구라고만 묵살당하고 말았다. 그러자 그는 큰소리를 쳤다. "미국에 있는 로키산맥과 유럽에 있는 알프스산맥에 큰 철탑을 세운다면 나의 공중전기통신으로 대서양 횡단통신이 가능하다"고. 그러나 사람들은 이미 그가 무슨 말을 하건 귀를 기울이려 하지 않았다. 기술 세계에서는 웅변이나 수다스런 헛말보다는 구체적인 데이터에 더 비중이 있는 것이 당연한 일이다.

공중전기통신은 가능한가

1908년, 루미스의 이름도 사람들의 기억에서 사라져 버렸을 무렵, 미국의 M. 차일드는 루미스가 했던 실험을 다시 해 보려고 마음먹었다. 그래서 20분 사이에 10번 이상이나 잇따라 번개가 치는 심한 폭풍우가 몰아친 어느 날, 55m의 높이에 연을 띄우고 바람과 대지 사이의 전위차가 25kV에까지 다다랐을 때, 모스의 키를 두들겨 신호를 보내 보았다. 그리하여 그는 5km 거리의 통신에 성공했던 것이다.

번개에 맡겨 놓은 무선통신 방법, 루미스의 착상으로는 실용적인 통신이 될 턱이 없다. 그러나 이 치과 의사가 대기를 관

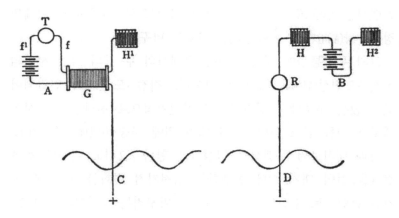

〈그림 1-5〉 정전유도식 무선전화(돌비어, 1882년)[5]: 마이크(T)에서 만들어진 음
성전류는 유도코일(G)을 통해서, 공중선(H^1)과 대지(C) 사이에다
진동정전기장을 만든다. 이 진동을 공중선(H, H^2)과 대지(D)로 구
성하는 콘덴서로 수신하고, 수화기(R)로 음성을 듣는다

찰하는 물리적 관찰안만은 정확한 것이었다.

5. 정전유도효과를 이용하여

마이크로폰이 발명된 뒤

보스턴의 A. 돌비어는 전기음향학(電氣音響學)의 권위자이며
콘덴서 마이크로폰의 발명과 오랫동안에 걸친 연구에 대해서
파리와 런던의 발명협회로부터 은상, 금상 등을 받았을 만큼
유명한 인물이었다. 그가 발명한 콘덴서 마이크로폰의 원리는
다음과 같은 것이다.

두 장의 금속판을 거의 맞닿을 만큼 가까이 배열한 구조의

콘덴서를 만들고, 그중의 한 장을 음성으로 진동시켜, 이때의 정전용량(靜電容量) 변화를 전기신호로 바꾸려는 것이었다.

그의 무선통신에 대한 착상은 콘덴서의 두 장의 극판 사이의 정전유도현상(靜電誘導現象)에 있으며, 직접 도선으로 연결되어 있지 않은 구조에도 전기신호가 정전기적으로 전달된다는 사실에서 암시를 얻고 있다. 먼저 대지 위에 공중선(안테나)을 치고, 이것과 대지로써 콘덴서를 형성하게 한다. 그리고 이것에 높은 전압을 걸어 대기 속에 발생하는 정전기적 변화를 먼 곳에 설치한 콘덴서로 수신해서 전기신호로 바꾸려는 것이다(그림 1-5).

세계 최초의 정전유도 무선전화

A. E. 돌비어

그는 1882년에 '양키 두들(Yankee Doodle)'이라는 노래를 휘파람으로 불어 그것을 무선으로 이웃 방에 전송하여 실내 실험에 성공하였다. 그 후 옥외로 나가서 연을 띄우고 본격적인 실험에 착수하였다. 처음에는 800m, 나중에는 20㎞의 지점에서도 그의 목소리를 들을 수 있었다고 한다. 무선전화의 첫걸음이었던 셈이다. 1884년의 필라델피아 박람회에서는 그의 무선 장치가 큰 성공을 거두었고, 그 자신은 이 장치를 해상통신에 이용하려고 생각했었다.

그런데 이 돌비어는 무척 겸손하고 온화한 성품의 사람이었다. 19세기의 대발명가에 관한 인물 소개를 써 달라는 부탁을 받았을 때, 유독 자신에 관해서는 한 마디도 쓰지 않았다고 한다.

그는 확실히 창조력이나 발명성에 있어서는 천부적인 소질을 지니고 있었다. 그러나 자기의 발명을 더욱 발전시켜 나가거나 영리와 결부시키는 등의 일에는 전혀 능력이 없었다. 그래서 그의 연구는 조직화되지 못한 채 끝나고 말았다. 그의 송신기는 후년 G. 마르코니가 생각했던 전파송신 장치와 원리적으로는 확실히 동일한 것이다. 돌비어는 전파를 발생시켜 그것을 통신에 이용한 셈이다. 그러나 전파의 존재가 확인되지 않았던 당시에는 사람들도 돌비어가 발생시킨 전기의 파동을 미처 전파라고는 생각하지 못했고, 그도 또한 그것을 단순히 정전기적인 전기의 파동이라고만 생각하고 있었다.

그런데 1895년의 잡지 『스파니어드 살버』에는 이런 기사가 실려 있다.

"유럽과 미국에 각각 설치한 2개의 짤막한 금속 도체선으로 대서양 사이를 잇는 통신이 가능하다. 유럽에 설치한 한쪽 도체선을 플러스에 하전하고, 이것을 방전시키면 미국에 설치된 다른 도체선이 마이너스로 하전될 것이다. 거기서 이 하전된 도체 가까이에 금속을 놓아두면, 송신신호에 맞춰서 이 두 금속 사이에서 불꽃이 보일 것이 틀림없다."

에디슨의 무선통신

미국의 T. 에디슨의 위대한 점은 늘 실용화를 생각하고 있었다는 점이다. 열차와의 무선통신을 제안한 것은 1938년 영국의 E. 데이비의 제안으로까지 거슬러 올라가야 하겠지만, W.

T. A. 에디슨

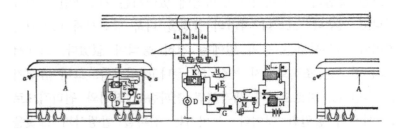

〈그림 1-6〉 열차무선 시스템(에디슨, 1885년)[7]: 역에서 보내진 모스부호의 정
전기신호는 전력선 등을 통해서 전달되고, 이 신호가 열차의 지
붕(B)의 철판에서 수신돼 인자기(모스부호 수신기)로 유도된다

스미스의 시사(示唆)를 받아 그것의 실용화를 완성시킨 것은 다
름 아닌 에디슨이었다. 그의 원리는 돌비어의 정전유도 무선과
거의 동일한 것이지만, 그는 전동차용으로 편리한 장치를 만들
었던 것이다. 이것에 의해서 역과 열차 사이, 열차와 열차 사이
의 통신이 자유로이 이루어지게 되었다. 차량용 공중선은 차량
의 지붕에 설치한 판판한 도체판으로 하고, 역의 고정국(固定局)
의 공중선으로는 당시 철로와 평행으로 가설되어 있던 전력선
이나 전선을 이용하였다. 이러한 그의 시스템은 1887년에 시카
고와 밀워키 등에서 실용화되었다(그림 1-6).

　이 열차무선의 실용화로 자신감을 얻은 그는 해안에 기구(氣
球)로 공중선을 띄우고, 배에는 역L형 공중선을 장치하면 해상
통신도 가능하리라고 말했다(그림 1-7).

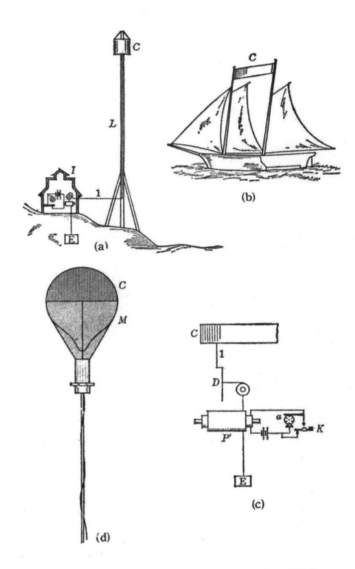

〈그림 1-7〉 해상통신 시스템(에디슨, 1885년)[8]: 철탑이나 기구로부터 나온 신
호를 마스트에 장치한 역L형 도체판 공중선으로 수신한다

2장 맥스웰의 예언으로부터

전파를 발견하기까지의 이야기

1. 자신만만한 맥스웰의 예언

전기법칙의 시대

19세기 전반은 전기학과 자기학의 이론과 법칙이 연달아 발견된 시대였다.

전류로부터 자기장이 발생한다는 덴마크의 H. 외르스테드의 전류의 자기작용, 그리고 그것을 표현하는 프랑스의 A. 앙페르의 법칙, 또 전류에 관한 독일의 G. 옴의 법칙, 시간적으로 변동하는 자기장으로부터 전기를 끌어낼 수 있다고 하는 미국의 J. 헨리, 영국의 M. 패러데이의 전자유도(電磁誘導)의 법칙, 그것으로부터 유도되는 자기유도(自己誘導)와 상호유도의 법칙 등등, 그야말로 백화난만한 시대였다.

이런 시대에 나야말로 전기학에 있어서의 뉴턴이 되겠노라고, 전자기현상의 수식(數式) 표현을 호시탐탐 노리는 무리들이 있었다. 영국의 L. 켈빈은 1838년에 패러데이의 법칙을 수식화하려다 실패했고, 1845년에는 C. 가우스가 전기작용의 수식적

| J. 헨리 | M. 패러데이 |

J. C. 맥스웰   L. 켈빈

이론화를 시도하고 있노라고 발언해서 다른 연구자들에게 큰
충격을 주었다. 그리고 전자기현상을 가장 잘 이해하고 있을
장본인, 패러데이도 1849년에 전자유도작용의 수식화를 노렸으
나 실패하였다. 이러한 천재들에게도 전기학, 자기학의 정식화
(定式化)는 당시의 지식만으로는 너무 벅찬 일이었다.

　영국의 J. 맥스웰도 역시 전자기현상에 흥미를 가졌던 사람
중의 하나였는데, 그의 흥미는 빛과 전기 사이에는 반드시 어
떤 관계가 있으리라는 신념에서 비롯되었다. 그는 16세이던
1847년에 니콜 프리즘(Nicol Prism)의 발명자인 W. 니콜을 만
나, 이른바 편광(偏光)을 비롯한 광학(光學)현상에 흥미를 가졌던
것이다. 그 후 이 젊은이는 늙은 패러데이와도 만나, 그로부터
전자기현상이 어떤 것인가 하는 이야기를 들었다. 이때 자기장
을 가하면 빛의 굴절률이 변화하는 물질에 관한 이야기를 듣
고, 전자기현상과 빛 사이에는 반드시 어떤 관계가 있다고 확
신하기에 이르렀다. 그리하여 1854년경부터 전자기현상의 체계
화를 목표로 해서 적극적인 연구를 하여 일련의 연구 결과를

1864년까지 연달아 발표하였다.

전파의 존재를 예언

맥스웰의 첫 업적은 그때까지의 전기학과 자기학의 여러 가지 법칙을 수식으로써 표현한 데 있다. 이들 정식화된 법칙으로부터 그는 전자기현상을 속속들이 들여다볼 수 있었다. 그리고 정식화된 앙페르의 법칙 가운데는 불필요한 부분이 있다는 것을 발견하였다.

이 불완전한 부분을 없애기 위해서 전기현상과 자기현상의 대칭성(對稱性)을 생각하고, 식 속에 새로운 항(項), 즉 변위전류(變位電流)라는 것의 효과를 추가했던 것이다. 자기장이 시간적으로 변화하면 전기장을 발생시킨다. 이것이 패러데이의 법칙이다. 맥스웰은 전자기현상의 대칭성으로부터 전기장이 시간적으로 변화하더라도 자기장이 발생할 것이라고 생각하였다. 그렇게 하면 전기장은 자기장을 낳고, 그것은 다시 전기장을 낳는…… 이런 변화가 차례차례로 전해 가서 파동이 발생한다. 이것이 그가 예측한, 바로 전파라는 것이었다.

그리고 다시 그는 이 전파는 이론적으로 빛과 같다고 유추했다. 그러나 당시는 빛이 무엇인가를 잘 알지 못하던 시대이기도 하였다. 그래서 그는 반대로 빛은 전파라는 충격적인 발표를 했던 것이다. 그의 이와 같은 대담한 발상에는 다음과 같은 이유가 있었다.

1856년에 독일의 W. 베버와 R. 콜라우슈는 전위의 단위계(單位系)와 자기의 단위계를 결부시키는 환산 계수(換算係數)에 광속도가 관계하고 있다고 지적하였다, 맥스웰은 자신의 이론으

로 이 사실을 뒷받침할 수 있었다. 또 전파가 전파(傳播)하는 속
도를 이론적으로 계산해 보니, 그 속도가 1849년에 프랑스의
A. 피조가 실시한 측정이나, 1850년 J. 푸코에 의해서 측정된
광속도와 거의 일치하였다.

그의 이론은 독립된 두 현상을 설명하는 것이므로 아마 이론
에는 오류가 없을 것이라고 그는 확신했던 것이다.

맥스웰에 대한 반응

그러나 맥스웰의 이론에 대한 반발은 거셌다. 당시의 일반인
들에게는 난해한 것이어서 그의 이론은 유럽 전역에서 과히 평
판이 좋지 못했다. 그 분야의 전문가들마저도 계산식은 알 수
있지만 그 식이 뜻하는 바를 도무지 모르겠다고 했다. 그러나
맥스웰은 그런 평판에는 귀도 기울이지 않고, 스코틀랜드에 은
거해서 자기학의 저술에만 전념하며 침묵을 지키고 있었다.

1875년에 영국의 J. 커가 전기장을 가하면 빛의 굴절률이 변
화하는 물질을 발견하고 나서부터, 전기와 빛 사이에 어떤 관
계가 있을 것이라고 생각하게 되었다. 그러나 켈빈은 여전히
맥스웰을 헐뜯는 무리들의 우두머리 격이었다. 그는 1884년에
이르러서도 빛의 전파설(電波說)을 인정하려 들지 않았다. 맥스
웰의 이론은 지나치게 복잡하며, 천연 자연을 지배하는 법칙은
훨씬 더 단순해야 한다고 철학자 같은 냄새를 풍기는 감정론을
들고 나서는 것이었다.

그러나 그해 영국의 J. 포인팅이 전파의 에너지 흐름을 제시
하는 정리(定理)를 발표해서 맥스웰의 이론은 발전을 보았다. 또
맥스웰은 빛에 압력이 있다고 예언하고 있었는데, 이 빛의 복

사압력(輻射壓力)이 1899년에 러시아의 D. 레베데프에 의해서 실측되었다. 그리하여 사람들은 맥스웰의 이론의 정당성을 인식하게 되었던 것이다.

그런데 여기에 맥스웰의 발표를 다른 관점에서 받아들이는 사람들이 있었다. '그의 난해한 논문 같은 것은 아무래도 좋다. 요컨대 전파라는 것이 있어도 이상할 것이 없다. 전기나 자기의 세계에서 불가사의한 현상이 일어나면 일단 전파가 아닐까 하고 의심해 보기로 하자.' 그들은 이렇게 생각하고 있었다. '필요한 것은 전파를 발생시키는 일이다. 맥스웰의 이론 같은 것은 전파를 실제로 발생시키는 목적에는 직접적으로는 아무 도움이 안 되지 않는가? 그런 것은 이해하지 못하더라도 조금도 신경 쓸 것 없다.' 그것이 기술자들의 일반적인 사고방식이었다.

2. 불꽃에 미친 생각

인공전파의 최초의 관찰

어떻게 하면 전파를 발생시킬 수 있을까? 결과론적으로 말하면 비교적 간단하다. 도선 속을 흐르는 전류나 진공 속 등을 흐르는 전자(電子) 같은 것의 분포나 속도가 시간적으로 변동하면 전파가 발생한다. 그렇다면 옛날 사람들은 어떻게 해서 전파가 발생하는 상태를 인식해 왔을까? 그 열쇠는 전기불꽃(스파크), 즉 공기 속에서의 전기의 방전에 있었다. 그러나 그때 전파가 발생하고 있었더라도 그것을 눈으로는 직접 볼 수가 없었

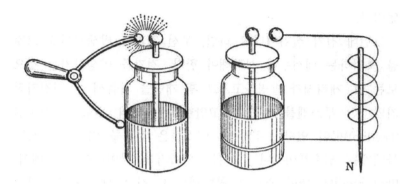

〈그림 2-1〉 레이던병의 방전[5]: 레이던병에 저장된 전기를 금속 막대로 합선시
          켜 방전시킨다(좌). 솔레노이드 코일을 통해서 전기를 방전시킨다.
          이때 코일 속의 철편은 자기화된다(우)

기 때문에, 전파의 존재를 알아채게 된 것은 훨씬 후의 일이다.
그러나 전기불꽃 주위에서 일어나는 기묘한 현상에 대해서는
여러 가지 보고가 있다.

　최초의 불꽃 관찰자는 1780년, 이탈리아의 해부학자 L. 갈바
니였다. 그의 부인은 몸이 무척 허약해서, 갈바니가 연구용으로
나날이 해부하는 개구리를 먹는 것이 좋을 것이라고 의사가 권
고했다. 그래서 날마다 저녁때가 되면 개구리를 가지러 그의
연구실로 왔다. 그러던 어느 날, 그녀가 무심코 해부용 메스로
개구리의 다리를 건드렸더니 탁 하고 불꽃이 튀며 개구리 다리
가 꿈틀했다. 그녀의 비명을 듣고 달려온 갈바니는 몇 번이고
같은 현상을 확인한 다음에야 그 테이블 위에 전기를 띠는 기
전기(起電機: 정전기를 일으키는 장치)가 놓여 있다는 사실을 알아
챘다. 그러나 정전기전기(靜電氣電機)로부터 전파가 방사되고, 그
것이 메스 끝에서 받아들여졌으리라고는 물론 생각조차 할 수

없었다.

그런데 전기 실험이라고 하면, 우선 전기를 발생시키고 그것을 축적하는 데서부터 시작해야 한다. 전기를 발생시키는 것으로는 O. 게리케가 발명하고, 그 후 개량을 거듭해 온 정전기전기와 K. 무스켄블레이크가 고안한 콘덴서의 원형인 '레이던(Leyden)병'이 있다(그림 2-1). 이것들은 전기를 연구하는 사람들에게는 필수품이었다. 당시는 의학자들 사이에서 전기메기, 마취가오리에 대한 연구가 활발했으며, 전기 장치를 갖춘다는 것은 의학 관계자들 사이에서는 상식에 속하였다.

불꽃 주위에서 일어나는 현상

그로부터 약 반세기 뒤인 1824년에 프랑스의 F. 사바르는 레이던병에 저장된 전기를 방전할 때, 방전불꽃이 점멸하고 진동하고 있는 듯이 보인다고 말했다. 또 그때 근처에 둔 쇳조각이 자기화한다는 사실도 관찰하고 있었다. J. 헨리도 1842년에 레이던병의 전기를 코일이나 솔레노이드(Solenoid)에 방전시킬 때 역시 전기의 진동을 관찰했다. 그리고 그는 레이던병으로부터 무려 30m나 떨어진 곳에서도 쇳조각이 자기화한다는 사실을 발견하고 놀랐던 것이다. 마찬가지 현상을 독일의 P. 라이스도 관찰하였다. 자침(磁針)이나 쇳조각으로 바로 그것인 줄도 모르고 전파를 받고 있었다니 어쩌면 그렇게도 태평했을까.

그런데 시대가 경과하면서 높은 전압을 간단히 발생시킬 수 있는 H. 룸코르프의 유도코일이 보급되면서 전기 실험은 한층 쉬워지게 되었다.

1871년에 미국의 E. 톰슨은 유도코일의 고압 쪽을 수도관에

연결해 보았더니 실내에 있는 금속이라는 금속으로부터 모조리
불꽃이 튀었고, 지붕 밑 골방에서도, 지하실에서도 그저 나이프
가 금속에 닿기만 하면 불꽃을 관찰할 수 있었다고 한다.
1876년에는 영국의 S. 톰프슨도 같은 경험을 하였으며, 에디슨
도 1875년에 모스의 키를 두들길 때 근처의 금속에 불꽃이 튀
는 것을 볼 수 있었다고 인정하고 있다.

불꽃방전에는 무엇인가 있다. 바야흐로 그것은 상식화되려
하고 있었다.

3. 스토크스 선생의 큰 실패

세계 최초의 전파신호

D. E. 휴스

영국의 음악가 D. 휴스는 탄소 마이
크로폰의 연구를 하다가 전기의 세계로
발을 들여놓은 사람이다.

그는 손수 만든 측정 장치가 안정되
어 있는데도 동작을 하지 않는 데에 의
문을 품고 조사한 결과, 원인은 그 회로
에 짜여 들어간 탄소 마이크로폰이 외
부의 어떤 영향을 받아서 방해전류를 흘려 보내고 있다는 것을
알아챘다. 그리고 그 외부의 어떤 것이란 바로 전기불꽃이라는
사실을 확인했던 것이다.

그는 이때 전파를 사용하는 통신에 흥미를 갖고 있었다. 그

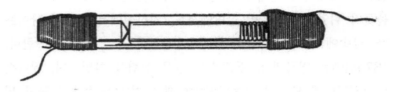

〈그림 2-2〉 탄소접점 전파검출기(휴스, 1879)[10]

래서 이 불꽃의 작용이 전파일 것이 틀림없다고 판단하고, 1879년에 탄소 마이크로폰을 한 걸음 더 발전시켜, 탄소 막대를 사용한 전파검출기를 손수 만들었다(그림 2-2). 그리고 그것을 사용해서 불꽃으로부터 2m 거리에 떨어져 있는 이웃 방에서 전기불꽃의 신호를 수신하고, 다시 그의 집 앞 도로에 나가서 450m의 거리에서도 불꽃신호를 수신할 수 있는 데까지 장치를 개량하고 있었다(그림 2-3).

휴스는 무척 감수성이 풍부한 사람인 데다 자기가 한 연구를 출판해서 공표하려는 사람이 아니었다. 늘 지식인들을 자기 집으로 초대해서 그가 한 실험을 보여 주곤 했다. 왕립협회의 W. 크룩스, W. 프리스 등도 그의 집을 방문하고 있었다. 그러나 휴스의 이런 방법은 결과적으로 그에게는 마이너스를 안겨 주었다.

운명의 날

운명적인 1880년, 그는 수리물리학자인 G. 스토크스와 T. 헉슬리를 초청해서 여느 때처럼 그의 성과를 실험해 보였다. 스토크스는 한 시간 남짓하게 열심히 그의 설명을 들은 다음 당신이 말하는 것은 아무래도 전파가 아닌 것 같다고 말을 끄

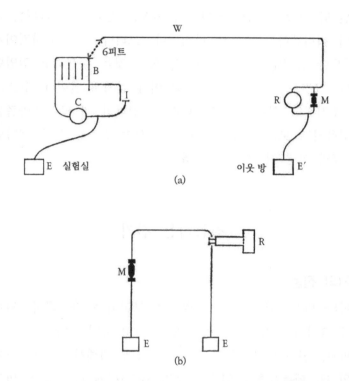

〈그림 2-3〉 전파 실험 장치(휴스, 1879년)[3]: 전원(B)을 스위치(I)로 합선
시켜서 불꽃전파를 발생시킨다. 전파는 도선(W)에서 수신
되어, 검출기(M)로 그 전파를 받고, 그 소리를 수화기(R)
로 듣는다. (a), (b)는 개량된 수파(전파를 받음) 장치

집어내기 시작했다. 그의 말로는 그것은 자기유도현상이라는
것이었다. 휴스는 착각하면 곤란하다면서 다시 다른 예를 들어
보이며 설명했으나, 스토크스는 이미 휴스의 말에는 귀도 기울
이려 하지 않으면서 쌀쌀한 감정을 드러냈다. 그날의 방문은 실
험을 견학하는 것이 아니라 바로 싸움판이었다.

그날 밤, 휴스는 낙담한 나머지 이제는 전파 연구 따위는 집어치워 버리겠다고 스스로 다짐했다. 그러나 그는 원시적이기는 했으나 틀림없이 전파를 내고, 또 그것을 수신하고 있었던 것이다. 그것도 H. 헤르츠보다 9년이나 앞서서 말이다. 휴스가 만약 조직적인 실험을 계속했더라면, 전파의 역사는 얼마쯤은 달라졌을지도 모른다. 1899년이 되어서야 휴스는 문득 생각난 듯이 그의 실험 결과를 공표하였다.

4. 진동하는 전기

전기의 진동

전파와 비슷하다는 것이 다양하게 보고되는 가운데서, 전기 이론에 종사하는 사람들은 무슨 일을 하고 있었을까?

사바르, 헨리가 관찰했다는 진동전류에 대해서는 1847년에 독일의 H. 헬름홀츠의 연구 이후인 1853년에 L. 켈빈에 의해서 완전한 이론이 발표되었다. 레이던병과 코일과 저항을 직렬로 접속한 회로의 전기진동에 관한 연구이다. 그는 이 회로에서 전기진동이 일어나는 조건을 찾았다. 이 이론이 옳다는 것은 1857년에 그의 제자인 B. 페더센에 의해서 주파수 100Hz인 파동의 전기진동 실험으로 확인되었다. 그는 레이던병에 주기적으로 재빠르게 발생하는 전기불꽃을 당시에 유행하던 회전거울을 이용해서 사진건판 위에 찍어냈던 것이다(그림 2-4).

그런데 19세기 후반은 대서양 해저 케이블 전신이 활발했던 시대였다. 케이블 위를 전도하는 전류의 속도를 실험적으로 구

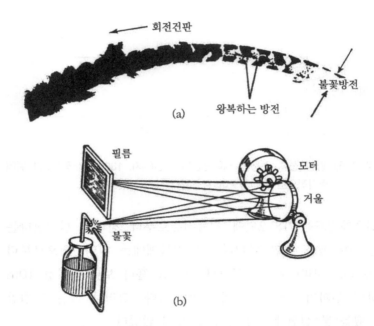

〈그림 2-4〉 전기진동의 사진(페더센, 1857년)[31] (a)와 회전거울의 한 예[5] (b)

하거나, 또 그 전류의 파형을 이론적으로 해석하는 등의 일이
유행하고 있었다.

현상논문

　그와 같은 배경이 깔려 있던 1879년, 마침내 베를린아카데
미가 현상논문을 공모하게 되었다. 맥스웰의 예측을 직접적으
로나 간접적으로나 입증하는 실험 결과를 제시하는 사람에게는
상금을 주겠다는 발표였다. 많은 연구자들이 이 문제에 도전했
는데, 그중에서 영국의 G. 피츠제럴드와 O. 로지가 두드러지게
뛰어났다.

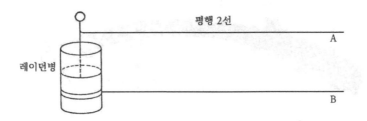

〈그림 2-5〉 평행2선을 이용한 레이던병의 방전(로지, 1883년)[7]: 평행2선 위에
　　　　　 주기적으로 방전불꽃이 관찰된다

　피츠제럴드는 1882년에 진동전류로부터 전파가 발생한다는
것을 예측했을 뿐만 아니라, 그 이듬해에는 레이던병으로부터
루프(loop, 고리) 모양의 도체에 전류를 흘려 보내면 파장 10m
이하의 전파가 나올 것이라고 말하였다. 그러나 그는 방침만
제시했을 뿐 실험에는 전혀 손을 대지 않았다.
　한편 로지는 전파에 큰 관심을 가졌던 연구자 중 한 사람이
었다. 그는 1883년에 평행으로 된 두 가닥의 전선을 장치한
레이던병의 방전 실험을 하였다. 이 방전 때에 평행2선 위에
주기적으로 방전불꽃이 존재하는 것이 인정되었다(그림 2-5).
　그는 이 불꽃의 위치로부터 그 위에 존재하는 전기파의 파장
을 구했던 것이다. 또 그와 동시에 회전거울을 사용해서 이 불
꽃의 주기도 측정하였다. 그리고 이 평행2선 위의 파동 주기와
파장의 측정값으로부터 그 파동의 속도가 광속도에 지극히 가
깝다는 것을 발견했다.
　그런데 도선 위를 전도하는 전기의 파동이 주기적으로 변화
한다는 것을 맨 처음에 발견한 사람은 1870년 독일의 W. 베

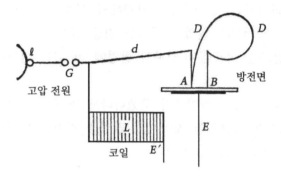

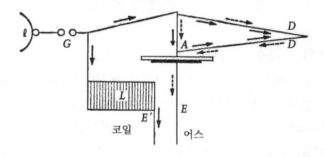

〈그림 2-6〉 리히텐베르크 방전 실험(베촐트, 1870년)[1]: D의 길이를 적당하게
선택하면, 재료 표면의 점 A에서는 방전을 일으키지만, 점 B에서
는 방전이 일어나지 않는다(상). D의 길이를 적당히 선택하면 직
접 시료로 가는 전기와 D를 돌아서 가는 전기가 겹쳐져 시료 위
에서는 방전이 멎는다(하)

촐트였다. 그는 절연체의 표면에서 일어나는 방전, 이른바 리히
텐베르크 도형(Lichtenberg 圖形)이라고 불리는 것에 흥미를 가
져 실험을 하고 있었다(그림 2-6). 그때 방전을 일으키게 하는

유도코일의 고압 단자로부터 시료(試料)의 표면에 연결한 도선의 길이를 변화시키면, 그 길이에 관계해서 시료 표면에서 방전이 일어났다, 일어나지 않았다 한다는 것을 알아챘다. 로지는 이 베촐트의 결과를 이용해서 전파의 발견에 한 걸음 다가서고 있었던 것이다.

만약에 자신이 전파를 발견하지 못했더라도 몇 해 뒤에는 피츠제럴드나 로지가 발견했을 것이 틀림없었을 것이라고 전파의 실증자 H. 헤르츠는 나중에 말했다.

5. 초단파 전파를 포착

헤르츠의 전파수파 장치

독일의 H. 헤르츠는 이름을 알리려는 욕심이라고는 티끌만큼도 없는 겸허한 사람이었다. 일에 있어서는 실험에 뛰어난 지극히 열성적인 연구자였다고 한다. 그의 이러한 성품을 잘 아는 H. 헬름홀츠는 베를린아카데미가 공모하는 현상논문에 한번 도전해 보면 어떻겠냐고 권고했다. 그래서 헤르츠는 은사의 권고에 따라 전파를 포착하는 실험에 착수하여 마침내 1888년에 성공을 거두었다.

그렇다면 그는 어떻게 해서 이 대실험에 성공했을까? 그것을 푸는 열쇠는 헤르츠가 전파를 정량적(定量的)으로 측정할 수 있는 장치를 이용한 데에 있다. 당시 낮은 주파수의 전기진동을 측정하는 전류계나 전압계는 이미 개발되어 있었다. 그렇지만 전파와 같은 높은 주파수의 전기진동을 측정할 수 있는 장치는 전혀 없었다. 그럴 때에 그는 불꽃방전을 이용해서 고주파의 전기진동을 측정해 보려고 마음먹었던 것이다.

그래서 그는 P. 라이스의 '마이크로미터(Micrometer)'라고 불리는 장치를 이용하려고 생각하였다. 이 장치는 방전불꽃을 만드는 것인데, 불꽃의 갭(Gap, 간격)을 마이

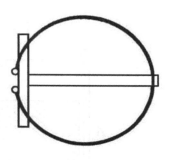

〈그림 2-7〉 루프형 수파 장치
(헤르츠, 1888년)[2]

크로미터로 조절할 수 있게 되어 있었다. 방전불꽃의 갭을 길게 하면 방전은 전기가 강할 때밖에는 일어나지 않는다. 그래서 이 갭의 길이를 측정해서 전파의 강도를 정량화하려 한 것이다. 이와 같은 방전불꽃의 갭은 이미 1866년 이래 전선 등에서의 피뢰기에 이용되고 있었고, 그 성질이 잘 알려져 있었다.

그는 또 전파를 포착하는 것으로서 루프 모양의 도체선을 이용하고, 이 루프의 일부에 위에서 말한 라이스의 마이크로미터를 넣었다. 그는 이 장치로 전파와 같은 엄청난 것을 포착하려는 생각은 애초부터 없었고, 그저 자기의 상호유도를 이용해서 자기장의 강도를 측정하려 했던 것이다(그림 2-7).

전파송파 장치

그런데 그의 당초의 실험 목적은 높은 전압 아래에서 물질의 전기적 특성을 알아내는 데에 있었다. 그는 룸코르프의 유도코일의 고압 단자에 두 장의 커다란 도체판을 접속하고, 콘덴서

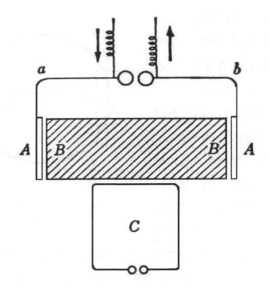

〈그림 2-8〉 유전 물질을 조사하는 실험(헤르츠, 1888년)[1]:
콘덴서(A, A′) 사이에 삽입된 물질 표면의
자기장 분포를 루프(C)로 측정한다

를 구성시켜, 이 속에 황이나 파라핀을 넣어 그것들의 전기적
성질을 조사하고 있었다.

물질 내부의 전기장 상태를 알고 싶었으나, 그것은 불가능한
이야기다. 그래서 그는 물질 주위의 자기장 분포를 조사하려
했다. 그렇게 해서 그는 수파 장치(受波裝置)를 고안했던 것이다
(그림 2-8).

그리하여 헤르츠가 실제로 실험을 하게 되었을 때, 수파 장
치가 측정 중인 물질의 본체로부터 수 미터나 떨어져 있는데도
불꽃이 관찰되는 데에 놀랐던 것이다. 자기장이 자기유도효과
에서 생각하는 것보다도 훨씬 더 멀리까지 이르고 있었다. 이

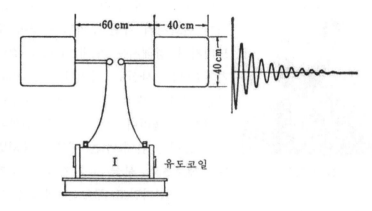

〈그림 2-9〉 전파송파 장치(헤르츠, 1888년)[5]와 방사되는 전파의 파형[2]: 유
도코일의 고압 측에 연결된 전선형 도체와 평판으로부터 전파
를 방사한다

런 현상은 예사로운 일이 아니다. 차분하게 조사를 계속해 봐
야겠다고 생각하였다. 이때부터 그의 고전압 발생 장치는 전파
의 송파기로서의 의미를 가지게 되었다.

그런 과정을 거쳐서 그는 어김없이 전파에 도달할 수 있었
다. 그러나 전파의 효과와 자기유도효과를 명확하게 구별할 필
요가 있었다. 그래서 일련의 실험을 시작해서 전파의 실존을
확인하게 된 것이다.

헤르츠의 기초 실험

헤르츠는 송파 장치의 유도코일의 출력 단자 불꽃갭 부근에
판판한 도체판이나 구형(球形) 도체를 연결해 보았다. 그러자 수
파되는 불꽃이 강해졌다. 그래서 그는 불꽃갭을 사이에 끼고,
도체를 부착한 것을 전파의 복사 장치로 삼았다(그림 2-9).

50

H. 헤르츠

또 불꽃 수파 장치의 도체 루프 크기를 변화시켜 가면 수파된 불꽃이 두드러지게 강해지는 도체 루프의 길이가 있다는 사실도 확인하였다. 이와 같은 현상은 수파 루프의 공진(共振)현상이라고 불리며, 이 사실은 전파의 수파 능력을 높여 주는 데에 이용되었다. 헤르츠의 불꽃 수파기를 가리켜 헤르츠 공진기라고 부르는 까닭이 여기에 있다(그림 2-10).

송파와 수파 장치의 형상이 결정되면, 다음에는 발생한 전파의 파장을 결정해야 한다.

헤르츠는 그가 만든 전파방사 장치 주위의 자기장 분포를 역시 그가 만든 장치로 조사한 다음, 그 전파의 파장을 산출하고 있었다.

그는 송파 장치의 도체판에 정전적(靜電的)으로 결합한 12m 길이의 직선 도선 주위의 자기장 분포를 수파 장치로 조사하고, 도선을 따라가면서 자기장 분포에 주기적인 강약이 있다는 것을 발견하였다. 수파 장치를 이동시켜 불꽃이 인정되지 않는 점이 도선 위에서 0.2, 2.3, 5.1, 8m인 곳에서 생겼으므로 도선 위 전파의 파장이 약 5.6m라는 사실을 알아냈던 것이다(그림 2-11).

또 송파 장치와 벽 사이에서도 수파 장치에 불꽃의 명암이 주기적으로 관측되는 데서, 자유 공간에서 전파의 파장도 산출하였다(그림 2-12).

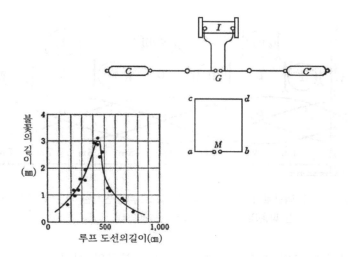

〈그림 2-10〉 루프형 도체의 공진 실험(헤르츠, 1888년)[1]: 수파 루프
(abcd)의 길이를 바꾸면 불꽃의 길이가 바뀐다

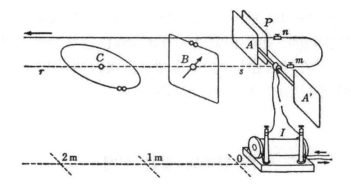

〈그림 2-11〉 도선 위로 전달되는 전기의 파동의 분포를 측정하는 방
법(헤르츠, 1888년)[1]: 평판(P)의 정전기적 결합을 이용해
서 전파를 도선 위로 전달한다. 수파기를 C처럼 도선
과 평행하게 두고 이동시키면 불꽃의 명암이 관측된다.
B와 같이 수직으로 두면 불꽃은 전혀 볼 수 없다

52

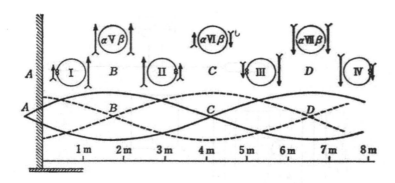

〈그림 2-12〉 벽으로 진행하는 파동과 벽으로부터 반사된 파동이 겹쳐져서 생긴 파동의 강도 분포(헤르츠, 1888년)[1]

　그런데 그의 송파 장치에서는 불꽃 부근의 직선 도체가 인덕턴스(감응 계수)로서 유도적으로 작용하고, 또 앞쪽 끝의 평판 도체가 콘덴서로서 용량적으로 작용해서 그것들의 공진주파수 부근 전파가 그가 만든 장치로부터 방사되고 있는 듯하다는 것을 확인하였다. 앞쪽 끝에 있는 평판 도체를 작게 하면 파장이 짧은 전파가 방사된다. 헤르츠가 발견한 것은 미터파(미터 단위 파장의 전자기파)인 초단파의 전파였다.

6. 전파와 빛은 형제

전파는 빛과 같은 성질을 나타낼까?
　전파의 존재를 확인한 헤르츠는 다음에는 이 전파가 빛과 같은 성질을 가졌는지 어떤지를 확인하려 하였다(그림 2-13).

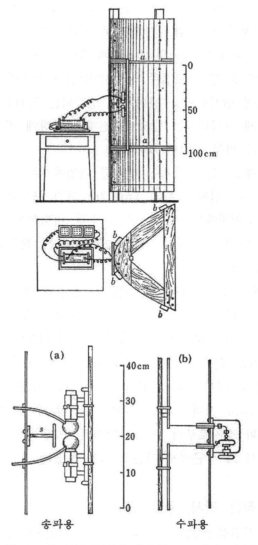

〈그림 2-13〉 포물면거울을 이용한 66㎝파의 전파송
파 장치(상)와 송파용과 수파용의 직선형
공진기(하)(헤르츠, 1888년)[1]

전파가 빛과 같다면, 반사거울을 설치하면 전파는 거기서 반사되어, 서치라이트처럼 일방적으로 전파를 보낼 수도 있을 것이다. 그는 파장 약 6m의 전파송파 장치 옆에 1m×2m 크기의 금속판으로 만든 포물주거울(抛物柱鏡)을 설치해 보았다. 그러나 거기에 반사되었을 것이라고 생각되는 전파는 빛의 성질을 뚜렷하게 나타내지는 않았다. 전파의 파장에 비해서 반사거울의 크기가 너무 작았던 것이다.

그래서 헤르츠는 사용하는 전파를 단번에 약 10분의 1인 66㎝로 해서, 이 전파를 위의 1m×2m 크기 포물주거울에 부딪쳐 보았다. 이번에는 그 반사파가 빛과 비슷하게 한 방향으로 직진했던 것이다. 이것에 마음을 놓은 그는 본격적인 실험에 착수하기로 하였다.

그리하여 그는 송파용 반사거울과 동일한 포물거울을 따로 수파용으로 만들고, 그 초점 위치에 수파용 불꽃갭으로서 루프 모양인 것 대신 송파용과 마찬가지로 직선 형상인 것을 설치하였다. 이 새로 만든 장치를 수파용으로 하고, 이전의 송파 장치와 한 쌍으로 해서 전파 실험을 한 것이다. 이 한 쌍의 장치를 사용하면 20m 거리에서도 전파를 수신할 수 있었다고 한다. 그러나 송파 장치로부터 7~8m 떨어진 곳 근처의 전파가 안정되어 있어서 그 부근에서 각종 실험을 하였다.

전파의 직진, 반사, 굴절, 편파

전파의 직진성(直進性)은 다음과 같이 확인되었다. 송파 측과 수파 측의 가시선(可視線, Line of Sight)상에 1m×2m의 도체판을 설치하자 수파의 불꽃이 사라져 버렸다. 또 도체판 대신 사

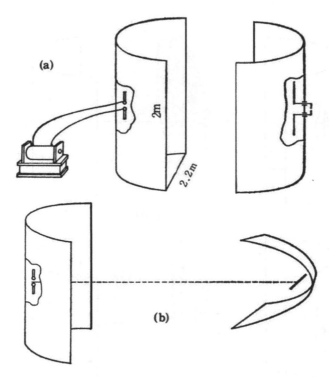

〈그림 2-14〉 편파의 실험(헤르츠, 1888년)[5]: 직선형 공진기가 서로 평행하게 마주 보면 불꽃이 관찰된다(a). 서로 직각으로 마주 보면 불꽃이 사라진다(b)

람이 그 자리에 서면, 수파된 불꽃이 어두워졌다. 그리고 다시 두 장의 도체판을 송파 측과 수파 측의 가시선 사이에 놓아두고, 그 간격을 좁혀 가면 불꽃이 차츰차츰 어두워져서 마침내 사라져 버린다는 것도 확인했던 것이다(그림 2-14).

전파의 반사에 대해서는 전파를 벽에다 수직으로 부딪쳐서 조사하였다. 만약 벽으로부터 반사되는 전파가 있으면 그것과

56

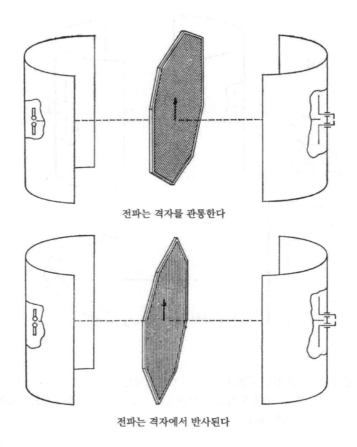

전파는 격자를 관통한다

전파는 격자에서 반사된다

〈그림 2-15〉 편파판의 실험(헤르츠, 1888년)[5]: 편파판의 격자 방향을
공진기와 직각으로 교차시키면 불꽃이 보이지만, 평행
으로 두면 불꽃이 사라진다

송신 측으로부터의 직접파가 벽 앞에서 겹쳐지고(重合), 벽에서
멀어짐에 따라 전파의 강도가 세어졌다 약해졌다 해서 주기적
으로 변동할 것이다. 이 강약의 분포를 루프 불꽃공진기의 명

암으로서 포착했던 것이다. 이 결과는 동시에 전파의 간섭성(干
涉性) 또한 보여 주고 있다.

전파를 벽에다 비스듬히 부딪치면 입사파(入射波)와 반사파는
공간적으로 분리되고, 이미 불꽃에서는 명암을 볼 수가 없다.
입사각에 같은 반사각 방향에서 반사전파만이 관찰되었다.

전파의 굴절에 대해서는, 600㎏의 아스팔트로 커다란 삼각프
리즘을 만들었다. 이것에다 전파를 부딪쳐서 실제로 전파가 프
리즘을 통과한 후에 꺾인 방향으로 나오고 있다는 것을 확인하
였다.

전파의 편의(偏倚), 즉 편파성(偏波性)은 어떠했을까? 이것은
송파 측과 수파 측의 장치를 서로 마주 보게 해서 90도를 회
전시켜 주면 수파 측의 불꽃이 나오지 않게 되는 것으로 보아
도 분명하다. 이것으로부터 전파는 음파와 같은 종파(縱波)가 아
니고 횡파, 더군다나 방향성을 가진 횡파라는 것을 알 수 있다.
이 현상은 편파라고 불리는데, 헤르츠는 다시 편파판(偏波板)의
실험도 하고 있었다(그림 2-15).

송파 측과 수파 측의 가시선상에 도체선군(導體線群)으로 만들
어진 격자(格子) 모양의 편파판을 넣었을 때, 격자가 송신 불꽃
장치와 같은 방향일 때는 수파 불꽃이 없어지고 격자가 90도로
회전하면 불꽃이 관찰되었다. 이 사실들은 모두 예기했던 그대
로였다.

유행하는 전파 연구

그런데 헤르츠의 실험에서는 파장 66㎝의 전파를 사용했기
때문에 빛과 비슷한 요소에 대한 성질밖에 얻지 못했다. 나중

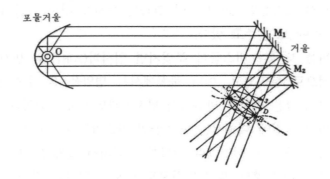

〈그림 2-16〉 프레넬 복반사거울의 전파 실험(리기, 1894년)[4]: 거울(M_1, M_2)에서 반사된 전파가 겹쳐진 곳에서 전파의 간섭이 일어나고, 불꽃에 명암이 측정된다

에 이탈리아의 A. 리기는 파장 2.5㎝의 전파를, 인도의 J. 보즈는 놀랍게도 5㎜ 파장의 전파를 발생시켜, 빛에 더욱 가까운 전파의 성질을 관찰하고 있었다(그림 2-16). 또 스위스의 E. 사라산과 드 라 리브처럼 파장 6m의 전파와 8m × 16m 크기의 반사거울을 사용해서 헤르츠의 실험을 추시(追試)*한 사람도 있었다. 독일에서는 E. 아슈키나스와 A. 가르바소도 전파를 연구했으며, 여기에 전파의 연구가 크게 유행했다.

그런데 빛에 대해서 말하자면, 먼 옛날 그리스 시대에도 에우클레이데스, 헤론, 트레미 등이 빛의 직진성, 반사, 굴절을 의식하고 있었다. 그들이 만약 헤르츠의 시대에 다시 나타나서 그의 실험을 보았더라면 무엇이라고 말했을까? 아마 감탄은 하면서도 전파는 눈에 보이지 않으므로 직감에 호소하기는 어려운 것이라고 입을 모아 말할 것이 틀림없다. 정말로 그렇다. 전

* 편집자 주: 남의 실험을 그대로 확인해 보는 일

파와 같은 것에 관해서는 유추나 경험으로부터 직감을 얻어야
한다.

7. 전파를 도선에 싣다

평행2선

베촐트와 로지의 실험에서 예측되었던 일이기는 했지만, 헤
르츠의 실험에 의해서 도선 위를 전도하는 전파의 상태가 더욱
명확해졌다. 거기서 헤르츠의 실험 이래 도선 위를 전도하는
전파의 성질을 조사하려는 사람들이 나타났다. 그중에서도
1889년에 평행2선 위를 전도하는 전파를 조사한 오스트리아의
E. 레헤르의 장치가 유명하다(그림 2-17).

그는 헤르츠의 송파 장치의 금속판 가까이에 같은 크기의 도
체판을 두고, 두 장의 콘덴서를 만들어 그것들의 한끝을 각각
평행2선에다 연결하였다. 고압회로에 발생하는 전파를 정전적
인 결합을 이용해서 평행2선에다 전달하려는 것이다.

그런데 평행2선에 실린 전파의 분포는 어떻게 되어 있을까?
이 평행2선 위에 실린 전파는 진행해서, 이윽고 평행2선의 다
른 끝에 전도되고, 거기서 반사되어 전원(電源) 쪽으로 후퇴한
다. 이 진행하는 파동과 후퇴하는 파동이 겹쳐진 상태가 평행2
선 위에서 만들어진다. 그리고 거기에는 파동의 마루와 골짜기
의 위치가 변화하지 않는 이른바 정상적(定常的)인 파동이 관찰
된다. 레헤르는 이 정상파(정재파)의 성질을 조사했던 것이다.

그런데 레헤르의 방법 말고도 전파를 평행2선에 전하는 방법
이 없을까? 실은 있다. 1893년에 프랑스의 M. 블롱들로는 유

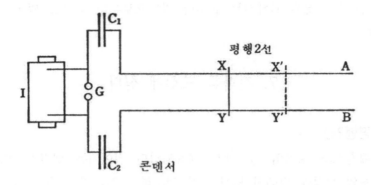

〈그림 2-17〉 평행2선에 전파를 전달하는 방법(레헤르, 1890년)[7]: 진동전기는
콘덴서(C_1, C_2)의 정전적인 결합으로 평행2선(AB)에 전달된다

도코일의 출력 단자를 금속판과 함께 원형으로 구부려서 루프
모양으로 만들고, 한편으로는 평행2선의 한끝을 루프 모양으로
만들어서, 이들 두 루프 사이의 상호유도결합을 이용해서 전파
를 평행2선에 흘려 보냈다.

평행2선 위의 정상적인 전압 분포에 대해서도 방전불꽃을 직
접 관찰하는 것이 아니고, L. 아론처럼 긴 방전관(放電管)을 평
행2선을 따라가면서 설치하여 그 주기적인 번쩍임으로써 포착
하는 사람도 나타났다. 또 전류의 열작용(熱作用)을 이용한 볼로
미터(Bolometer)가 쓰이기에 이르러, 평행2선 위의 전기현상을
정밀하게 측정할 수 있게 되었다. 그리고 평행2선 위의 정상적
인 전류 분포는 사인파(정현파, 正弦波) 모양의 분포라는 것도 밝
혀졌다(그림 2-18).

도선을 전도하는 전파의 속도
그런데 도선 위를 전도해 가는 전파의 속도는 얼마나 될까?

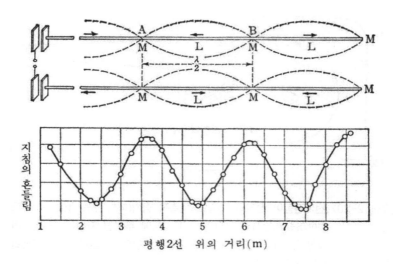

〈그림 2-18〉 평행2선 위에 예상되는 사인파 모양의 정상적인 파동 상태[4]와
　　　　　　볼로미터를 이용한 실측례[5]

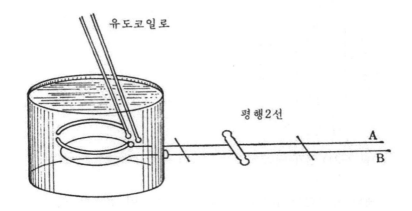

〈그림 2-19〉 평행2선에 전파를 싣는 방법(블롱들로, 1893년)[5]: 유도코일의 출
　　　　　　력 측(좌상)을 원형으로 구부리고, 평행2선의 한끝에 만들어진
　　　　　　루프와 자기적인 결합을 이용한다

62

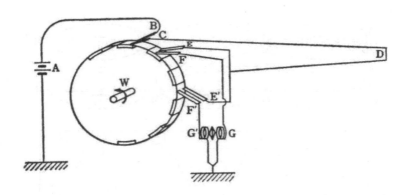

〈그림 2-20〉 전기진동이 전달되는 속도의 측정 장치(피조, 구넬, 1850년)[4]: 드
럼(W)을 회전시키면 코일(G)의 사이에 두어진 자침이 좌우로 이
동한다. 이 이동은 측정용 도선(D) 위를 전도하는 전기진동의
속도에 관계된다

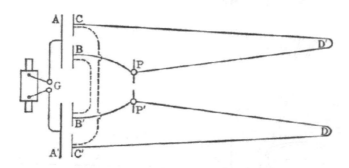

〈그림 2-21〉 전기진동이 전도하는 속도의 측정 장치(블롱들로, 1893년)[4]

오래된 것으로는 1834년에 W. 휘트스톤이 유명한 회전거울
을 사용하여 측정해서 얻은, 구리선 위에서는 초당 463,000km
라는 값이 있다. 그리고 그는 이것으로 사교계에서 단번에 이
름을 떨쳤다. 또 광속도의 측정으로 유명한 A. 피조는 그것을

발표한 지 1년 뒤인 1850년에 광속도 측정의 원리를 응용해서, 구넬과 함께 파리와 루앙을 잇는 288㎞의 전선을 통해 구리선 위에서 초당 172,000㎞라는 측정값을 얻었다(⟨그림 2-19⟩, ⟨그림 2-20⟩ 참조). 그러나 지귀선(地歸線)을 이용한 단일 도선에 전도되는 전파는 당연하게도 대지의 영향을 받는다. 따라서 피조 등이 얻은 측정값은 대지의 영향을 받은 전파의 속도라고 할 수 있다. 대지의 효과를 적게 하고, 보다 정확한 전파의 속도를 구하기 위해서는 단일 선보다는 두 가닥의 선, 즉 평행2선 쪽이 바람직하다. 1893년에 블롱들로는 평행2선 위를 전도해 가는 전파를 정밀 측정해서 초당 298,000㎞의 값을 얻었다(그림 2-21).

3장 꽃피기 시작하는 전파기술

전파를 통신에 이용하는 이야기

1. 선구자

물리학자 헤르츠

H. 헤르츠의 실험으로 전파의 존재가 밝혀졌다. 전파통신의 가능성을 생각하게 된 것은 당연한 일이다. 그러나 1889년에 바로 전파의 존재를 밝혀낸 장본인인 헤르츠는 전파를 이용하는 통신이란 아마 실용화될 수 없을 것이라고 생각하고 있었다.

이를테면 1kHz의 전파를 통신의 목적에 이용하려고 할 때 그 파장은 3,000㎞나 된다. 그가 실험한 장치를 그대로 1kHz 의 전파통신에 사용한다고 가정한다면 어쨌든 3,000㎞ 이상의 크기의 반사거울을 만들어야 한다. 이러한 일은 기술적으로 불가능하다.

이와 같은 헤르츠의 사고방식에는 문제점이 있다. 그는 기술자가 아니고 물리학의 세계에 사는 이론가였다. 광학(光學)의 유추로 얻어지는 형상의 반사거울 모양 안테나를 생각하는 한, 1kHz의 전파로서는 분명 불가능하다. 그러나 다른 가능성도 생각해 보아야 한다. 그의 유명한 실험이 있은 지 불과 1년 후의 일이므로, 그와 같은 새로운 가능성에 대해서는 어쩌면 그의 눈길이 미처 돌려지지 못했을지 모른다. 파장이 다르면 전파는 다른 성질을 나타낸다. 다른 파장에서는 그것에 걸맞는 전파기술을 생각해야 한다. 전파가 빛과 동일한 것이라고 생각한 나머지 헤르츠에게는 그러한 마음의 여유가 없었을 것이다.

전기기술자의 꿈

무선통신의 실현을 꿈꾸는 전기기술자들은 많았다. 그들 가

3장 꽃피기 시작하는 전파기술 67

운데서도 R. 스렐폴과 A. 트로터는 대
표적인 인물이었지만, 영국의 W. 크룩
스의 꿈만이 핵심을 찌르고 있었다.

W. 크룩스

1879년에 D. 휴스의 실험을 견학하
고부터 전파에 흥미를 갖게 된 크룩스
는 전파통신을 향한 가능성을 냉정히
내다볼 수 있는 사람이었다. 그는
1892년에 전파에 대해서 다음과 같은
통찰을 하고 있었다.

"파장이 1m 이상인 전파는 빛과는 달리 안개 속에서도 전파
(傳播)하며, 또 무선이라는 이름 그대로 통신을 위한 전선, 전봇
대, 케이블 등을 부설하는 비용도 필요 없다. 그런 점으로 보아
서 가까운 장래에 온 세계는 전파에 의한 정보화 시대로 접어
들게 될 것이 틀림없다"라고 말이다.

그는 또 전파통신의 실현을 위해서, 기술적으로 해결해야 할
문제로서 다음의 세 가지를 의식하고 있었다.

① 희망하는 파장의 전파를 발생시키는 송신기

② 희망하는 파장의 전파만을 수신하는 수신기

③ 송신 측으로부터 수신 측을 향해서 예리한 전파의 다발(束)을
  방사하는 방법

당시는 전신, 전화 등 유선통신의 전성시대였다. 이런 판국에
기업들이 이 새로운 무선에 대해서 관심을 보일 턱이 없었다.
설사 전파로 음성을 전송한다고 생각하더라도 도대체 어떻게
해야 하는가? 나중에 지향성(指向性) 안테나로 이름을 떨친 벨

N. 테슬라

연구소의 J. 스토운마저도 속수무책인 상태였다. 그들 기업들이 비로소 무선통신에 위협을 느끼기 시작한 것은 마르코니에 의한 대서양 횡단통신이 성공하고부터다.

무선 전력전송

그런데 이 전파의 실용적인 이용에 대해서는, 미국으로 이민 온 N. 테슬라가 선구적인 독특한 감각을 지니고 있었다. 그는 1893년에 전파를 이용한 무선 전력전송을 시도했다가 깨끗이 실패하고 말았지만, 그의 착상과 장치는 바로 10년이나 20년 뒤에는 통용될 수 있는 것이었다. 그의 방법은 다음과 같은 것이었다(그림 3-1).

먼저 그가 고안한 5kHz의 고주파 발전기로 50kV의 고전압을 발생시켜 이것을 유도코일에 넣고, 그 2차 코일에 200만~400만V의 초고압을 만든다. 이 고전압의 한끝을 어스하고, 다른 한끝은 공중에 설치한 정전용량구(靜電容量球)에 접속한다. 고주파 전류를 대지로 흘려 보내는 한편, 공중에도 전기진동을 일으키게 하려는 것이다. 이 전기진동을 효과적으로 일으키기 위해서 유도코일의 2차 측과 정전용량구를 적당히 선택해서 공진을 취하게 하였다.

이 공진현상의 이용은 전파의 선택, 동조(同調)에 지극히 중요한 의미를 지니고 있다. 이것에 대해서는 나중에 다시 언급하겠다.

그런데 그의 추측에 따르면, 대기 상층부에는 도전성을 지닌

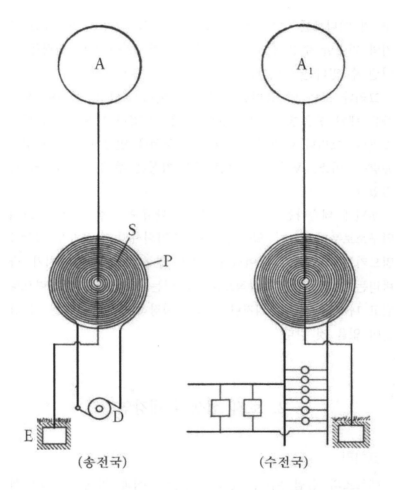

(송전국)   (수전국)

〈그림 3-1〉무선 전력전송 장치(테슬라, 1893년)[9]: 발전기(D)에서 발생한 전기
의 파동은 유도코일(SP)을 통해서 공중선(A)으부터 대기 속으로
방사된다

띠(帶)가 있을 것이었다. 이 도전층과 대지를 마치 평행2선에다
전파를 싣듯이 그가 만든 장치로 여진(勵振)해 주면 전력을 지

구 위 어디로든지 무선으로 보낼 수 있을 것이고, 또 송전 장치와 비슷한 수전 장치를 이용하면 대기 속으로부터 전력을 끌어낼 수 있다는 것이다.

그러나 그의 이 웅대한 실험은 실패로 끝났고, 동시에 사람들은 대기 상층부에는 도전층이 없을 것 같다고 생각하게 되고 말았다. 그러나 여기서 착상했던 공중선을 연상하게 하는 정전용량구, 어스, 공진, 2차 코일 등의 착상은 주목할 만한 가치가 있었다.

후년에 테슬라는 전력전송 실험을 대규모로 한 나머지, 그의 연구소로부터 8㎞나 떨어져 있는 전기회사의 발전기에 고장을 일으키는 사태까지 빚어냈다. 그의 연구실에 있는 장치가 타버리는 등의 일은 일상적으로 늘 있는 일이었다. 독창력으로 밀고 나가는 인간의 의지란 정말로 굉장하다는 말밖에는 더 할 말이 없을 것 같다.

2. 로지 선생의 대강연

코히러

헤르츠의 실험 이래, 전파에 대한 인식과 이해는 각국에서 급속히 번져 나갔다. 그러나 전파를 실용화하는 데는 뭐니 뭐니 해도 전파를 고감도로 검출하는 방법이 필요하다. 헤르츠의 공진기 이외에도 개구리 다리의 힘줄, 가이슬러(Geissler's) 방전관이나 마이크로폰 같은 여러 종류가 시도됐는데, 그때 가장 주목을 끌었던 것이 금속 가루에 의한 고착작용(固着作用)이었다

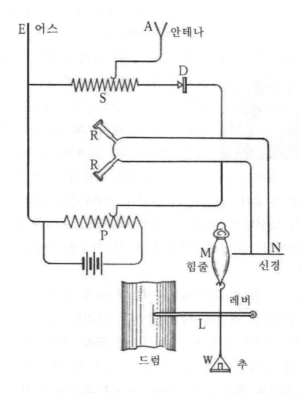

E| 어스   A∨ 안테나

〈그림 3-2〉 개구리의 다리 힘줄을 이용한 전파검출 장치[7]:
안테나로부터 들어간 전파는 코일(S)에서 배로
늘어나 다이오드(D)에서 검파된다. 이 신호를 수
화기(R)로 듣는 동시에 다리 힘줄에도 가해서 드
럼 위에 근육의 움직임을 그려 내게 한다

(그림 3-2).

이 고착작용은 1850년에 발견되고 잊혀 있다가 1866년에
S. 바레이에 의해서 다시 발견되어 전선의 피뢰기로 이용되었
다. 전선을 향한 낙뢰를 피하기 위해 전선의 불꽃갭을 통해서

O. J. 로지

어스해 둔다. 전신 정도의 작은 전력에서는 이 갭에 방전이 일어나지 않지만, 번개 정도의 큰 전력일 때는 방전을 일으켜서 뇌전류(雷電流)를 대지로 떨어뜨릴 수 있다. 이때 불꽃갭을 금속 가루로 둘러싸 두면 대지로의 방전이 불꽃갭만 있을 때보다 더 효과적으로 일어난다는 것이다. 그러나 바레이의 이 장치도 다시 잊히고 말았다. 그 후 1883년과 1884년에 다시 발견되지만 또다시 잊혔다가 1889년, 프랑스의 E. 브랑리와 영국의 O. 로지에 의해서 가까스로 빛을 보게 된 기구한 사연을 지닌 작용이었다.

브랑리는 금속 가루를 에보나이트관 속에 넣어, 그것의 전기저항을 측정하는 작업을 하고 있었다. 그러던 어느 날, 유도코일의 불꽃이 이웃 방에서 방전했을 때 금속 가루의 전기저항이 두드러지게 낮아진 것을 인정했던 것이다. 이 유도코일의 불꽃과 금속 가루의 전기저항의 변화 관계에 흥미를 가진 그는, 각종 물질로 실험한 다음 알루미늄 가루를 이용해서 장치를 만들었다. 그는 이것을 라디오 컨덕터(Radio Conductor)라고 불렀다. 이것이 오늘날의 라디오의 어원이다. 그의 이 장치는 뒤뜰에서 한 전기불꽃 실험에도 감도 좋게 응답했다고 한다. 그러나 그에게는 이 라디오 컨덕터를 무언가에 이용하려는 생각은 아예 없었다.

한편 로지는 전선 피뢰기 연구로부터 금속 가루에 전파가 부딪치면 가루가 고착해서 전기저항이 감소한다는 것을 발견하였

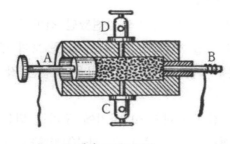

(a) 브랑리형[3]

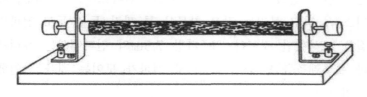

(b) 로지형[2]

〈그림 3-3〉 코히러(1890년)

다. 전파현상에 관심이 많았던 그는 곧 이 원리를 이용한 전파 검출기를 개발하고, 이것을 코히러(Coherer)라고 불렀다. 그리고 이 코히러를 사용해서 전파의 도래를 벨 소리로 검출하는 전파수신 장치를 개발하였다(그림 3-3).

이 수신 장치를 사용해서 그는 일련의 유명한 전파 실험을 하였다. 그 성과는 1894년에 헤르츠의 죽음을 애도하는 '헤르츠의 실험과 그 후계자들'이라는 제목의 대강연에서 발표되었고 그는 전파, 빛, 자외선 등의 상호작용에 관한 보고를 하였다.

로지의 전파 실험

전파에 관해서는 우선 당시에 발견됐던 전파검출기와 비교해서 이 코히러가 놀랄 만큼 민감하다는 것을 보여 주었다. 그리고 그것을 사용한 전파 실험에서는 다음과 같은 장치가 사용되었다.

파장 20㎝의 전파의 헤르츠방사기에 구리로 만든 원통 커버를 부착해서, 현재는 원형 도파관 개구(圓形導波管 開口)라고 불리는 것을 만들었다. 그리고 그 앞에다 전파프리즘, 편파판, 아이리스(Iris)라고 불리는 작은 창문을 튼 판자 등을 두고 전파의 성질을 조사했던 것이다. 또 파장 7.5㎝의 전파에서는 유리로 전파 볼록렌즈를 만들어 초점으로 전파가 모이는 것을 확인했다(그림 3-4).

전파통신에 관해서는, 그가 만든 장치로 약 100m쯤의 거리에서도 전파를 검출할 수 있었다고 한다. 그러나 로지는 순수한 학자였으며 그가 한 실험의 무선통신에 대한 유효성은 전혀 고려하지 않았었다. L. 레일리가 로지에게 평생을 걸고 전파를 이용하는 무선통신의 실용화를 이뤄 보라고 권고했으나 그는 통 마음이 내키지 않았다. 그래서 전파통신 실용화의 대부분은 다른 사람들에 의해서 이루어지고 말았다(〈그림 3-5〉, 〈그림 3-6〉 참조).

그러나 그의 강연은 큰 반향을 불러일으켰다. 영국 국내에서는 A. 뮤어헤드와 H. 잭슨을 무선 연구로 내몰았고, 외국에서는 이탈리아의 A. 리기, 인도의 J. 보즈가 전파를 연구하였다.

보즈는 1897년에 놀랍게도 5㎜ 파장의 전파를 발생시켜 물질에 의한 전파의 흡수도 연구하고 있었다. 또 그는 전파의 방

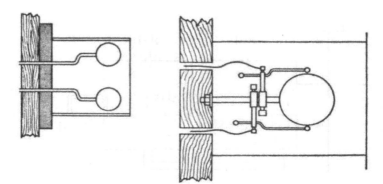

〈그림 3-4〉 원형 도파관 개구안테나의 두 예(로지, 1894년)[2]: 방전을 일으키기
쉽게 하기 위해 우측의 경우는 금속구를 중앙에 넣어 두고 있다

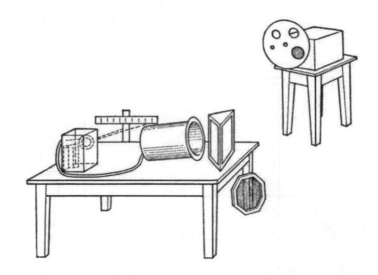

〈그림 3-5〉 전파 실험 장치(로지, 1894년)[2]: 앞쪽 책상 위에 전파수신 안테나
와 검출 장치, 전파프리즘, 책상 밑에 편파판이 보인다. 다른 책
상 위에 있는 것이 전파송신 장치

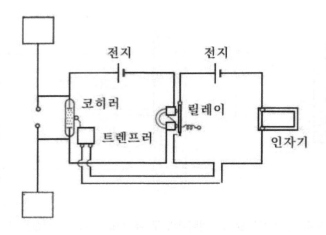

〈그림 3-6〉 전파수신기(로지, 1894년)[18]: 한번 고착된 금속 가루
는 그대로 고착 상태를 유지하기 때문에, 금속 가루
에 충격을 주어서 원상으로 만드는 장치가 붙어 있다

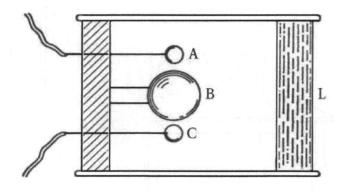

〈그림 3-7〉 원형 도파관 개구안테나(보즈, 1897년)[50]: L은 전파를 모이
게 하는 파라핀 렌즈

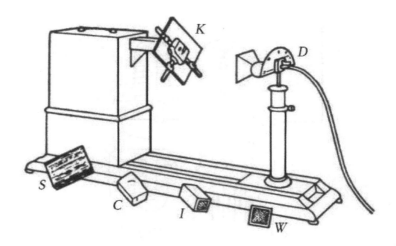

〈그림 3-8〉 전파 실험 장치(보즈, 1897년)[50]: K, S, C, I, W는 편파 측정용
장치. 오른쪽 기둥에 피라미달 혼 안테나가 보인다

사기로서 오늘날 피라미달 혼(Pyramidal Horn)이라고 불리는
것도 쓰고 있었다(〈그림 3-7〉, 〈그림 3-8〉 참조).

세계 최초의 전파통신

러시아에서도 A. 포포프가 로지의 강연록을 읽고 있었다. 전
파통신에 흥미를 가진 그는 1895년에 로지의 장치를 개량해서
통신 장치를 조립하였다. 코히러의 한끝을 어스에 연결하고, 다
른 한끝에 연결된 도선을 공중에 높이 올려서 공중선으로 이용
하였다. 그때 그는 무선통신을 의식하고 간단한 실험도 했었다.
그가 최초로 보낸 내용은 하인리히 헤르츠(Heinrich Hertz)라는
두 단어였다고 한다(그림 3-9).

그러나 그의 이 훌륭한 연구에 대해 러시아 정부는 전혀 이

78

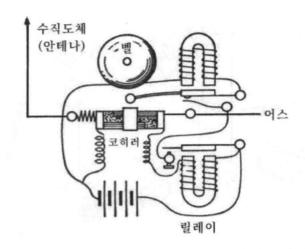

〈그림 3-9〉 전파수신기(포포프, 1895년)[3]: A 단자를 공중선에,
B 단자를 어스에 접속한다. 코히러에 직렬로 초크
코일이 부착되어 있다

해를 보이지 않았다. 그의 시스템은 불행히도 실용화가 이뤄지
지 못했던 것이다. 후에 마르코니의 전파통신 실험이 성공했다
는 소식을 듣고 그로부터 겨우 본격적인 실험을 시작해서,
1897년에는 18m 높이의 공중선을 이용하여 5㎞의 통신에 성
공했다고 한다.

3. 실리주의자의 전파통신

청년 마르코니

이탈리아의 볼로냐에 있던 A. 리기도 로지의 강연록에 영향
을 크게 받은 사람 중 하나다. 그는 스스로도 전파 실험을 하

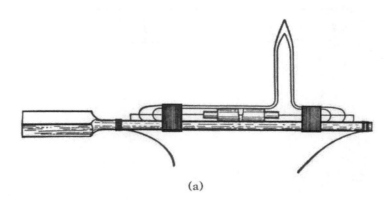

(a)

〈그림 3-10〉 코히러(a)[7]와 송신 장치(b)[19](마르코니, 1895년)

는 한편, 청년 G. 마르코니에게 전파를 이용하는 통신의 중요
성을 역설하였다. 당시의 마르코니는 전기에 관해서는 생판 아
마추어였고 순수한 과학에 관심을 갖는 타입이 아니었다. 그러
나 실용적인 목적에는 주저 없이 돌진하는 실리주의자였고 실
패에도 꺾이지 않는 열의에 찬 젊은이였다.

그는 곧 코히러를 수신에 이용해서 파장 25㎝의 전파로 헤르
츠의 실험을 추시하였다. 그때 그는 모스의 키를 송신기에 넣
어서 신호의 단속을 전파로 보낼 수 있게 하였다. 그리고
1896년에는 전파에 의한 약 1.5㎞의 무선통신에 성공하였다(그
림 3-10).

그가 한 일은 코히러의 성능 개선, 그리고 공중선과 어스를
채용한 일이었다. 그는 코히러로서 96%의 니켈과 4%의 은가
루를 진공 속에 넣어 봉한 것을 고안해서 그 특성을 한층 더
높였다. 또 그는 송신기 유도코일의 출력 단자 한끝을 대지에

80

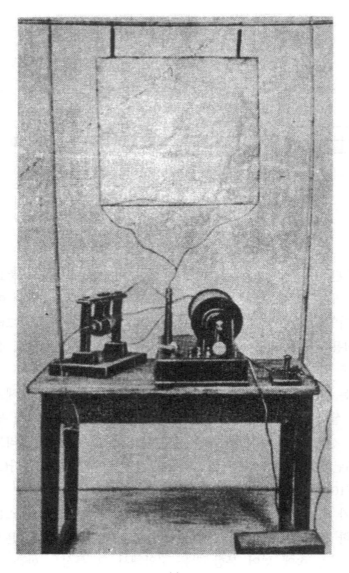

(b)

접속하여 그것을 어스로 하고 다른 한끝에는 큰 도체, 즉 용량체(容量體)를 접속해서 공중에 높이 띄워 공중선으로 삼았다.

공중선과 어스

마르코니는 어떻게 해서 공중선과 어스라는 개념에 도달했을까?

그가 전파통신에 대해 품었던 당초의 목적은 통신 가능한 거리를 늘리는 데 있었다. 그는 유도코일 출력 단자의 용량체를 크게 하면 통신 거리가 늘어난다는 사실을 발견했다. 이 사실은 헤르츠의 실험에서도 인정되었듯이 그리 대단한 것으로는 생각되지 않을지도 모른다. 그러나 마르코니의 경우에는 헤르츠와는 달리 전파를 코히러로 검출하고 있었으므로 이 문제는 다시 한 번 재검토할 필요가 있었다.

그런데 용량체를 크게 하면 불꽃발진의 주파수가 낮아지고 그 진동이 오래 지속되게 된다. 이것은 코히러로 전파를 검출하려고 할 때 편리했다. 같은 형상의 풍경(風磬)과 종을 울렸을 때 종의 은은한 잔향(殘響)이 풍경과 비교해서 두드러지게 길며, 코히러는 파장이 긴 전파에 응답하기 쉬웠던 것이다.

또 전파에는 파장이 길수록 대지 위를 전파하기 쉽다는 성질도 있다. 마르코니는 이 사실을 그때 어렴풋이나마 알기 시작했다고 할 수 있다.

이와 같이 단순히 통신 거리를 늘리고 싶은 일념에서 마침내 그는 큰 용량체로서 지상에서 생각할 수 있는 최대의 것, 즉 지구를 이용하려고 생각했다. 이때 다른 한끝의 용량체는 자동적으로 공중에 높이 올려놓을 수밖에 없게 된다. 어스도 공중

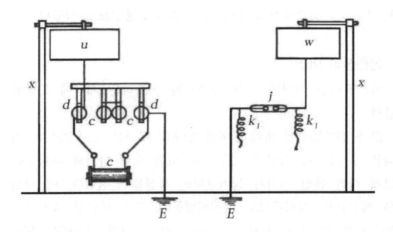

〈그림 3-11〉 안테나와 어스(마르코니, 1896년)[4]

선도 당시로서는 결코 새로운 것은 아니었으나 그가 그것들을 채용한 데는 나름대로 이유가 있었던 것이다(그림 3-11).

그는 양철통을 연결한 높이 2m의 공중선으로 30m의 거리를 통신했고, 다시 공중선을 4m 높이로 해서 100m 거리와 8m 높이로 400m 거리의 통신에 성공했다. 그리고 양철통을 한 변이 1m인 입방체 모양으로 해서 2,400m 거리에까지 전파가 도달했다고 한다.

영국의 마르코니

마르코니는 당초 전파통신을 이탈리아에서 개발할 예정이었다. 그러나 유선전신, 전화의 전성기이던 이 시대에는 정부가 전혀 상대를 해 주지 않았을뿐더러 도리어 해상통신을 목적으로 생각해 보는 것이 어떻겠느냐는 권고를 하는 형편이었다.

G. 마르코니   W. H. 프리스

그래서 그는 부득이 그가 만든 장치를 소중히 챙겨 가지고, 모국이자 무선통신의 본고장인 영국으로 건너가게 되었다. 영국에서는 때마침 무선전신에 대한 관심이 높았고, 해군의 H. 잭슨은 로지의 장치를 개량해서 통신 실험을 하고 있었다. E. 러더퍼드도 무선에 흥미를 가져, 자기력(磁氣力)을 이용하여 전파를 검출하는 장치를 고안해서 1㎞ 거리의 통신에 성공했다. 당장 필요한 것은 무선통신인가, 원자물리학인가 하는 말에 무선을 택했던 러더퍼드도, 마르코니가 나타나자 역부족이라고 판단하고는 물리학의 세계로 옮겨 가게 된다. 영국에서 마르코니는 W. 프리스에게 맞아들여져서 그의 원조 아래 전파통신 실험으로 밤낮을 이어 갔다. 그리하여 1897년에는 브리스톨해협의 횡단통신에 성공하고, 1899년에는 도버해협의 횡단통신에 성공하였다.

이 동안 줄곧 그는 용량체의 형상을 여러 가지로 바꾸어 가면서 통신 거리를 늘리는 연구를 하고 있었는데, 공중선에서 중요한 것은 길이임을 깨닫게 된다. 여기서 1/4파장 모노폴 안테나(Monopole Antenna), 즉 마르코니 안테나의 아이디어가 떠올

84

K. F. 브라운

랐다고 할 수 있다. 1898년에 평행2선 위의 전류 분포 유추로부터 H. 포크링튼은 공중선 위에도 사인파 모양의 전류가 실린다는 것을 제시하자, 여기에 1/4파장 모노폴의 형상이 완성되었다. 그러나 당시에 실제 사용하던 전파의 파장은 지극히 길어서 이 모노폴 안테나를 실제로 제작한다는 것은 기술상 불가능하였다.

그런데 브리스톨해협의 횡단통신 실험에서는 독일의 A. 스라비가 견학을 왔다가 마르코니의 시스템을 보고 감탄하였다. 그는 곧 귀국해서 C. 아르코, E. 막스, G. 지프, F. 브라운, J. 체넥 등과 더불어 독일 무선계를 위해 힘을 쏟게 된다. 프랑스에서는 대수학자 J. 푸앵카레를 비롯해서 A. 브롱데르, A. 따빵 등이 연구해서 유럽 전역에 전파에 대한 열기가 솟구쳐 올랐다.

4. 공진, 동조, 선택

혼신을 구제하는 공진현상

마르코니의 실험이 성공을 거둔 뒤 실용 무선국이 곳곳에서 많이 개국되자 전파통신은 커다란 벽에 부딪쳤다. 마르코니의 시스템은 공중을 날아다니는 모든 전파를 수신하기 때문에, 통신을 하고 싶은 상대국 이외의 다른 신호도 동시에 섞여 드는 것이었다. 이래서는 전파의 이용에도 한계가 있다. 사람들은 큰

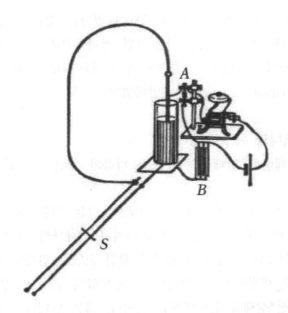

〈그림 3-12〉 루프와 레이던병을 직렬로 결합한 공진
실험(로지, 1889년)[2]: 루프 하단 평행2선의
슬라이더(S)를 이동시켜 공진을 취한다

골칫거리를 껴안게 됐다고 생각하게 되었다.

한편 공진(共振)이란 특정 주파수에 있어서 전기회로상의 전압 또는 전류가 증대하는 현상을 말한다. 반대로 주파수를 고정했을 때는 전기회로의 구조나 형상을 일정하게 유지하면서 그 크기만을 변화시킬 때, 특정한 크기인 곳에서 전압이나 전류가 증대하는 현상이라고도 말할 수 있다. 전파에 관계되는 공진현상을 처음으로 확인한 사람은 헤르츠였다.

석학(碩學) 로지도 1889년에 루프 모양의 도체로 공진현상을 관찰하고 그 본질을 터득하고 있었다(그림 3-12). 그리고 그는

마르코니의 공중선에는 공진의 개념이 없다는 것을 금방 알아
챘던 것이다. 공진 개념을 이용하면 전파통신의 혼신을 막을
수 있을 것이 틀림없었다. 이리하여 로지는 1898년에 공진안
테나(Resonance Antenna)를 제안하였다.

공진안테나와 동조회로

로지가 제안한 안테나의 구조는 다음과 같은 것이었다(그림
3-13).

전파를 방사하는 공중선의 도체로서, 그는 원뿔형의 구조를
생각하고, 이 원뿔의 형상을 변화시켜서 안테나의 정전용량을
변화시킨다. 그리고 원뿔의 중앙에 감긴 코일로 안테나의 유도
량(誘導量)을 변화시킨다. 이 용량과 유도량의 균형으로부터 공
중선의 공진 상태를 얻어내려는 것이다. 그는 안테나를 콘덴서
와 코일로 구성되는 공진회로로 보았던 것이다.

독일의 F. 브라운도 공진현상에 착안했다. 그는 공중선으로서
의 공진을 생각했던 것이 아니라 공중선회로의 공진, 즉 동조
회로(同調回路)를 생각했다. 1898년에 그는 코일과 콘덴서로 구
성되는 공진회로를 공중선회로에 넣는 방법을 생각하고, 최종
적으로는 공중선과 공진회로의 결합회로로서 변압용(變壓用) 코
일을 사용했다. 공중선에 포착된 전파는 변압코일에서 변압되
어 공진회로로 들어간다. 여기서 희망하는 전파만이 선택되는
방법이다(〈그림 3-14〉, 〈그림 3-15〉 참조).

그런데 그의 회로를 자세히 살펴보면, 지금까지 공중선에 직
결되어 있던 불꽃갭이 공중선에 직접 접속되어 있지 않다. 이
것을 통해 불꽃갭은 공중선을 구성하는 중요 부분이 아니라는

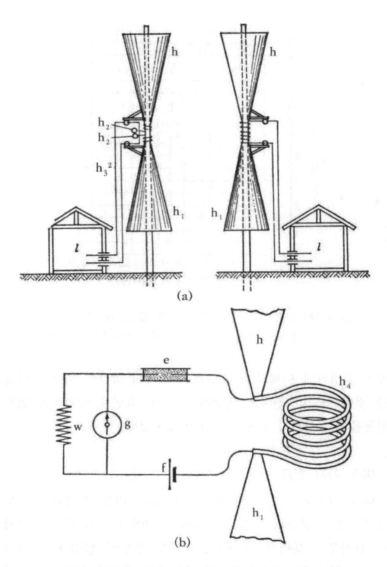

(a)

(b)

〈그림 3-13〉 공진안테나(a)와 수신회로(b)(로지, 1898년)[2]

88

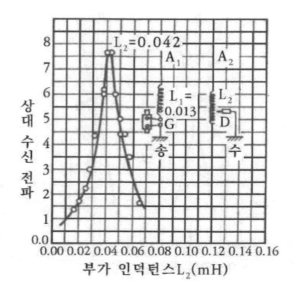

〈그림 3-14〉 공중선의 공진 곡선[4]: 적당한 코일(L_2)을 수신 공중선에 넣으면, 측정기(D)에서 측정되는 수신 전류가 증가한다

것이 분명하게 이해되었다. 그것은 전파의 방사를 위해서 필요한 것이 아니라 전파의 발생을 위해서, 표현을 달리하면 전기진동을 발생시키기 위해서 필요한 것이었다.

여러 가지 회로

때를 같이해서 마르코니도 '지거(Jigger)'라는 결합회로를 도입했는데, 공중선의 공진과 회로의 공진에서 먼저 차지한 로지와 브라운의 특허가 거슬려서 어찌할 방법이 없었다. 그래서 그는 마침내 두 사람의 특허를 통합해서 하나의 회로로 만들어 이 복합구조로써 1900년에 저 유명한 제7777번 영국 특허권

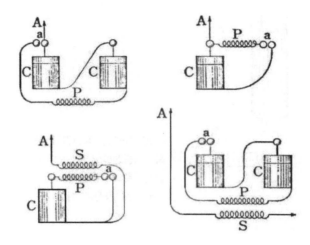

〈그림 3-15〉 동조회로(브라운, 1888년)[5]: 콘덴서(C)와 코일(P)
로 공진을 취한다. 안테나는 단자(A)에 연결된다

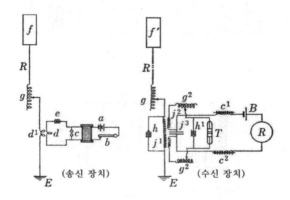

〈그림 3-16〉 7777번 특허, 공진을 이용한 송수신기
(마르코니, 1900년)[8]

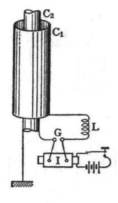

〈그림 3-17〉 정전결합 공심동
축 공중선(마르코니, 1900년)[4]:
공심동축의 콘덴서(C_1, C_2)와
코일(L)로 공진을 취한다

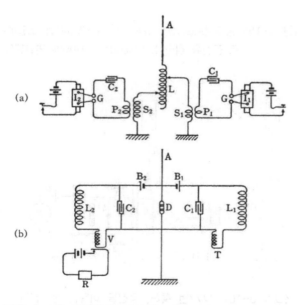

〈그림 3-18〉 다중통신 시스템[4]: 마르코니의 2주파 송신기(a),
브롱데르의 2주파 수신기(b)

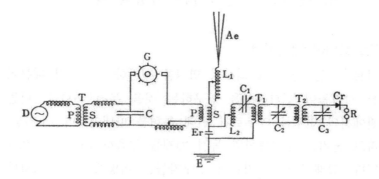

〈그림 3-19〉 마르코니의 진보된 송수신기[7]: 송신기의 전원은 발전기(D)가 되고, 불꽃갭(G)은 회전불꽃갭으로 바꿔 놓여 있다. 수신기에는 다중공진회로가 이용되고 있다

을 따냈다. 그리고 그의 주위에서는 여러 주파수를 사용한 동시 송수신 실험으로 밤을 지새는 일이 얼마 동안 계속되었다 (〈그림 3-16〉, 〈그림 3-17〉 참조).

또 마르코니는 송신기와 공중선을 정전적으로 결합시켜 이 결합 부분으로 공진을 취하려 하고, 공진동축(同軸)안테나도 제안했다. 사정상 몇 해 동안만 사용하다가 자취를 감춰 버린 이 안테나도 빠뜨릴 수 없는 것이다(그림 3-18).

공진안테나, 동조회로의 실용화는 1902년경부터 이루어졌고, 이것에 의해서 통신국 사이의 혼신이 없어졌을 뿐만 아니라 전파통신의 거리가 두드러지게 늘어났다. 효과적인 주파수 이용의 길이 여기에서 트였다고 할 수 있다(그림 3-19).

5. 대서양을 날아가는 여성의 목소리

마르코니에 대항해서

마르코니는 늘 자기 회사의 영리를 생각하고 있었기 때문에 다른 사람들이 전파통신을 연구하는 것을 무척 꺼렸다. 다른 기관에서의 연구를 억누르기 위해 특허를 따내어 '마르코니즘'이라고 불리는 무선통신의 독점 체제를 구축하려고 기를 쓰고 있었다. 그래서 다른 기관의 연구자들은 어떻게든지 마르코니의 특허를 피해 가면서 독자적인 시스템을 개발하려고 노력하고 있었다. 마르코니의 시스템은 신호를 단속하는 모스부호를 사용하는 무선전신이다. 그렇다면 음성의 전송, 무선전화야말로 마르코니의 콧대를 납작하게 꺾어 주는 것이라며 숱한 사람들이 밤낮을 가리지 않고 기를 쓰고 있었다.

음성을 전송하려면 어떻게 하면 될까? 그러려면 음성 정보를 가진 전기진동을 만들어 내야 한다.

마르코니의 초기 수신기에서 수신신호는 '딸가닥 딸가닥' 하고 릴레이가 단속될 때의 소리였다. 이 방식으로 신호를 판독하는 데는 꽤나 고생이 따른다. 인공으로 만든 지적 신호에 자연의 번개로부터 발생하는 전파가 섞여 드는 것 같은 상태에서는 통신을 중지할 수밖에 없을 경우도 자주 일어난다. 그래서 그 후로는 공진현상을 이용해서 단시간이기는 하나 일정한 주파수의 전파를 보내어, 이 전파를 단속시키는 방식으로 바꾸었다. 수신기에서는 일정 주파수 음의 단속으로, 즉 '삐~ 삐이' 하는 식으로 모스의 부호를 수신한다. 이 신호에는 음의 장단은 있으나 강약이 없다. 그래서 충분히 긴 시간 동안 전기의

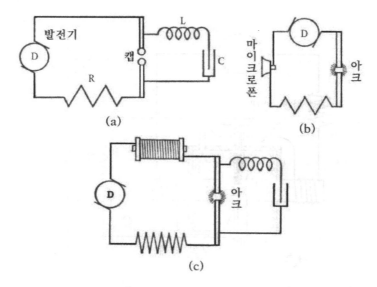

〈그림 3-20〉 아크발진[5]: 연속 아크(a)(톰슨, 1892년), 말하는 아크(b)(시몬, 1898년), 노래하는 아크(c)(더델, 1900년). 아크에 병렬로 들어 간 코일과 콘덴서로 진동의 주파수가 결정된다

지속적인 진동을 발생시켜 이 진폭에 변화를 주는 것이 음성 전송의 방법일 것이라고 생각되었다.

아크발전기

　그런데 고주파의 지속 전기진동을 만드는 것은 어려운 일이 었다. 그러나 H. 데이비가 발견한 아크불꽃, 즉 아크방전을 이 용한 장치가 고안되었다. 근소한 공간을 두고 놓인 2개의 도체 막대에 전지나 발전기로 고전압을 가해 주면, 두 도체 막대 사 이의 틈새에 순간적으로 인공 번개가 발생한다. 그 인공 번개 가 발생한 뒤 지속적으로 그 틈새를 열과 빛을 수반한 전류가

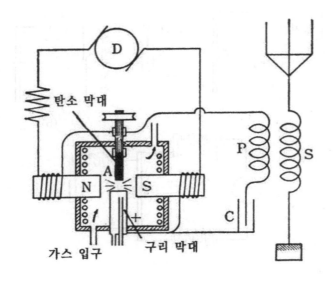

〈그림 3-21〉 아크 송신기(폴센, 1902년)[5]: 실제는 이 회로에 음성을
전파에 싣는 회로가 들어가 있다

흘러가는 현상이 아크방전(Arc Discharge)이라 불리는 것이다.
이 방전 때에 발생하는 빛을 이용한 장치가 에디슨의 실용 전
구가 발명되기 전에 크게 유행했던 아크등이다. 쉽게 말해서
이 아크등을 레이던병이나 코일과 마찬가지로 회로 속에 이용
해서 희망하는 지속적 진동을 얻으려는 발상이었다. 이 아크식
지속전기진동을 처음으로 얻어 낸 사람이 미국의 E. 톰슨이다.
1892년의 일이었다. 1898년에 이 회로에 마이크를 넣어서 음
성에 맞춰 아크가 흔들리게 한 독일의 H. 시몬이 고안한 '말하
는 아크'도 매우 흥미롭다. 그리고 이 아크진동은 1900년 영국
의 W. 더델이 고안한 '노래하는 아크'로 한층 더 구체화됐다고
할 수 있다(그림 3-20).

이 아크 지속진동에다 오늘날 AM변조라 불리는 방법으로 음
성을 실어 이것을 이용해서 음성으로 전파통신을 하는 장치가
덴마크의 V. 폴센에 의해서 1902년에 발명되었다. 이 장치는
아크발전기로 40~100kHz의 사인파를 발생시켜, 이 사인파에
음성을 전기적으로 겹쳐 주려는 시스템이었다. 폴센의 장치는
1904년에 40㎞의 음성전송통신에 성공을 거두었다(그림 3-21).

이 아크식 시스템은 소형인 데다 중량이 가볍기 때문에 선박
용 송신기로 개발되어 주로 미국과 독일에서 이용되었다. 그리
고 1910년에는 미국의 H. 도우여가 800㎞의 통신에 성공했다.
그러나 1907년에 발명된 수은아크식과 마찬가지로 다음에서
말하는 고주파 발전기나 진공관 방식을 당해 내지 못하고 모습
을 감추고 말았다.

고주파 발전기

미국의 R. 페센덴은 현상(現狀) 따위에는 아랑곳도 하지 않는
혁명적인 발상가(發想家)였으나, 성미가 무척 급해서 그의 주변
에서는 늘 싸움 소리가 그치지 않았다고 한다. 그런 점에서는
남의 못난 행동에 대해서도 잠자코 있고 주변 사람들을 자기편
으로 끌어들이며, 구식 원리를 개량하는 정도로 만족하는 마르
코니와는 대조적인 인물이었다.

페센덴은 1892년에 퍼듀대학에서 헤르츠의 실험을 알고부터
전파에 흥미를 가졌다. 마르코니의 코히러로는 음성통신이 불
가능하며, 가까운 장래에는 무선전화 시대가 틀림없이 올 것이
라고 확신하고 오로지 연구에만 열중하고 있었다(그림 3-22).

1900년에는 일기예보의 정보 수집을 위한 무선전화 이용을

96

R. A. 페센덴

〈그림 3-22〉음성신호 송신기(페센덴, 1902년)[5]: 발전기(D)의 출력에 마이크
(P, T)로 음성신호를 겹친다

시도해 보아 달라는 일을 떠맡아, 그가 만든 독자적인 불꽃 장
치와 높이 15m의 공중선을 이용해서 1.6㎞의 거리에서 음성전
송통신을 하였다. 그러나 이 결과는 탐탁하지 못한 것으로, 가
까스로 사람의 목소리라는 것을 알 수 있을 정도에 불과하였다.
  무선전화의 새로운 가능성을 생각하기 시작했을 때, 그는 테
슬라가 한 연구에 마음이 끌렸다. 테슬라는 고주파 발전기를
만들어 1897년에 그것을 사용하여 30㎞의 통신 실험에 성공했
다고 한다. 페센덴은 이것에 착안해서, 고주파 발전기야말로 바
로 지속전기진동 자체를 발생하는 것이며, 음성을 전송하기에
걸맞는 것이라고 판단했다. 그는 제너럴일렉트릭(GE)사에 있는
스타인메츠에게 부탁해서 1kW, 10kHz의 발전기를 손에 넣고,
이것을 사용해서 1903년에는 40㎞ 거리의 음성통신에 성공하
였다.

〈그림 3-23〉 페센덴이 이용한 고주파 발전기(1906년)[13]: GE사의 알렉산
데르슨의 설계

이 동안에 음성을 검파(檢波)하는 것으로서, 1902년에 열선
버레터(Hot-Wire Barretter), 1903년에는 전해검파기(電解檢波器)
를 발명했다. 그뿐만 아니라 그는 1902년에는 헤테로다인
(Heterodyne) 검파법마저 제안하고 있었다. 헤테로다인 검파법
이란 음성신호를 포함하는 수신 전파에 특정 주파수의 전파를
겹쳐서, 그 두 전파의 합성 전파의 주기적인 강도 변화를 이용
해서 음성을 끌어내려는 것이다.

그런데 음성을 전송하는 데는 발전기의 주파수가 높은 것이
바람직하다. 그는 1906년에 0.5W, 75kHz의 발전기를 이용해
서 대서양 횡단 음성통신을 실시했고, 1907년에는 2kW,
100kHz의 발전기로 마침내 디스크자키를 전파에 실었다(그림
3-23).

그는 크리스마스 이브에 'CQ CQ'라는 당시의 해난구조 신

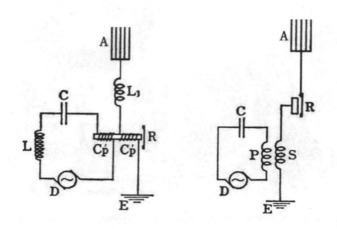

〈그림 3-24〉 헤테로다인 검파(페센덴, 1902년)[7]: 수화기(R)로 안테나로
부터의 신호전류와 발전기(D)의 진동전류를 겹친다

호를 대서양을 향해서 내보냈다. 해상에 있던 모든 선박들이
그의 CQ 신호를 포착했을 때쯤을 겨누어 조용히 여성의 목소
리를 흘려 보냈다. 배 위의 무선실에서는 승무원들이 몰려들어
박수갈채가 터져 나왔다. 그리고 프로그램대로 여성 보컬이나
시 낭독 같은 프로그램이 자신만만하게 해상으로 흘러 나갔다.
당시의 선박무선에서는 모스부호를 이용하고 있었지만 수신기
의 심장부는 이미 구식의 코히러가 아니고, 이른바 정류작용(整
流作用)을 이용한 검파기로 대치되어 있었다. 그래서 이 새로운
검파기를 이용해서 '삐, 삐이' 하는 신호만 듣던 수신기에서 특
별한 장치를 보태지 않아도 음성신호를 들을 수가 있었다.
  이 발전기를 이용한 그의 시스템은 E. 알렉산데르슨의 고주
파 발전기 완성과 더불어 전성기를 맞이했다. 한때는 마르코니

3장 꽃피기 시작하는 전파기술 99

회사도 크게 동요했을 정도였으며 진공관식 시스템이 완성되기
까지 널리 이용되었다(그림 3-24).

그의 헤테로다인 검파법은 1903년 미국 해군의 실험에서 그
위력이 인정되었다. 그러나 그때는 아크발전기를 사용하고 있
었기 때문에 잡음이 많아 쓸 만한 것이 못 되었다. 후년에 진
공관 방식의 헤테로다인 검파 실험에서는 그 진가가 발휘되었
다고 한다.

오디언

미국의 L. 디포리스트는 무선전화의 실
용화에 있어서 기초가 된 오디언(Audion),
즉 3극진공관의 발명자이다. 그는 기업의
경영에는 완전히 부적합한 사람이었으나,
드물게 상상력이 풍부한 사람이었다.

1899년에 E. 아슈키나스의 논문을 읽
고, 그는 전파를 검파하는 문제에 흥미를

L. 디포리스트

가져 1902년부터 1906년 사이에 전파통신에 관해 자그마치
34개의 특허를 따냈다. 그러나 그 가운데는 마르코니나 페센덴
의 특허에 저촉되는 것도 많았고, 또 회사 상사가 도무지 이해
할 수 없는 연구도 있었다. 어쨌든 이 동안에 했던 전해액(電解
液)이나 가스의 불길 등의 검파작용에 관한 연구는 그에게 전자
(電子)의 흐름이라는 개념을 심어 주었고, 훗날 3극관의 발명에
크게 도움이 되었던 것이다.

그는 영국의 J. 플레밍이 발명한 2극진공관의 검파작용이 전
해검파기보다 나쁘다는 것에 문제점을 느껴 1906년 2극관에

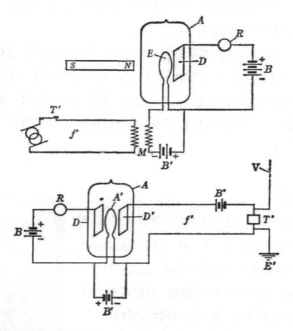

〈그림 3-25〉 진공관회로(디포리스트, 1906년)[8]: 진공관 속 전자의
흐름을 자기장으로 제어하는 것을 생각하고 있다

이른바 제3의 전극, 즉 그리드(Grid)를 첨가한 3극관을 발명했
다. 이 그리드는 관 속의 전자 흐름을 전기적으로 제어하기 때
문에 그 검파 능력이 크게 증대하였다.

그 후 그는 진공관 연구에서 한동안 손을 뗐다가, 1912년 3
극관의 신호증폭작용(信號增幅作用)을 발견해서 큰 화제를 불러
일으켰다. 그리고 1913년에는 각국에서 진공관을 이용한 재생
증폭회로와 전파발생회로가 제안되어 진공관에 대한 기대가 높
아진 것이다. 이 기술들은 미국에서는 L. 디포리스트와 E. 암
스트롱, 영국에서는 H. 라운드, 독일에서는 A. 마이스너에게

힘입은 바 크다. 또 진공관의 결점인 수명 문제도 1914년경의 고진공기술(高眞空技術)에 의해서 1,000시간 이상을 견디는 것이 등장해 해결되었고, 제1차 세계대전 중에는 각국에서 실용화되어 진공관을 사용한 전파 장치가 여기에 이르러 정착하게 되었다(그림 3-25).

디포리스트에게는 흥행사(興行師)적인 기질이 있었다. 1908년에는 파리의 에펠탑에서 전파를 발사했고, 1910년에는 메트로폴리탄 가극장으로부터 카루소가 주연하는 오페라를 중계하기도 했다. 세계 최초의 라디오 방송국은 1920년에 개국한 피츠버그의 KDKA국이다. 이 방송국은 F. 콘래드가 개국하였고 100W의 전력으로 파장 360m의 전파를 이용하였다.

6. 일본의 전파기술

무선전신

서양의 기술 문명으로부터 멀리 떨어져 있던 일본의 전파기술은 어떤 상태에 놓여 있었을까?*

일본 최초의 무선전신 실험은, 1886년 도쿄(東京)의 스미다강을 끼고 실시된 시다(志田)의 도전식 무선전신이었다(그림 3-26).

헤르츠의 실험은 1889년에 나가오카에 의해서 추시되었다.

---

* 역자 주: 우리나라에서는 1900년 초에 무선전신의 자주적 시설을 계획하였으나 국권 피탈을 계기로 일본이 각종 전신사업을 강탈하여 그 뜻을 이루지 못했다. 따라서 일본 전파통신의 한 면을 참고삼아 짤막하게 살펴보기로 한다.

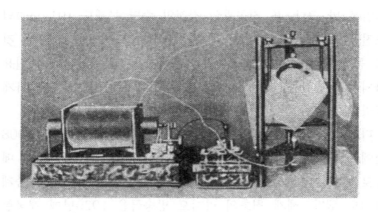

〈그림 3-26〉 일본 최초의 무선 장치(마쓰시로, 1897년)[54]: 송신기(상),
수신기(하)

그는 전파에 관한 강연회도 열었는데 여기서부터 일본의 전파
시대가 시작되었다고 할 수 있다. 그리고 전파를 이용한 무선
전신도 이런 데서부터 연구가 시작되었다.

　1897년에 항로표지소 소장으로 있던 이시바시가 최신간 기
술잡지 『Electrician』을 들고 전기시험소 소장이던 아사노를

찾아왔다. 그 잡지에 실려 있는 마르코니의 연구를 가리키며, 일본에서도 등대와의 통신용으로 전파를 이용하도록 생각해 보라고 말했다. 아사노는 곧 직원인 마쓰시로를 시켜서 연구를 하게 하고, 그 잡지와 헤르츠파를 해설한 책 한 권을 주었다. 당시 일본에는 전파에 관한 책이라고는 통틀어서 이 두 권밖에 없었다.

마쓰시로는 그해 12월에 마르코니의 포물거울 장치와 비슷한 것을 고생 끝에 제작해서 도쿄만의 쓰키시마 앞바다에서 1,800m 거리의 통신 실험을 하기에까지 이르렀다.

한편 그때 일본 해군에서도 통신 장치에 커다란 관심을 가지고 있었다. 때마침 전함 시키시마의 건조를 영국에 발주하고 있던 때이기도 해서 마르코니 회사에 이것의 설치를 협상했는데, 너무 엄청난 값이어서 부득이 자주적으로 개발하기로 결정한 판국이었다. 아사노의 명령으로 해군에 파견된 마쓰시로는 센다이에서 온 기무라와 함께 통신기를 병기로서 개발하는 데 힘을 쏟았다.

마쓰시로와 기무라는 1900년에 해군 대신 앞에서 350m 거리의 통신을 실험했다. 그리고 1901년에는 75㎞ 거리의 선박 사이에서, 130㎞ 거리의 육상과 선박 사이에서 통신에 각각 성공했다. 그때의 장치를 1901년에 해당하는 일본의 메이지 34년에서 따온 34식 무선전신기라고 부르며 실제로 사용하도록 제공하였다.

마침 그 무렵, 세계정세가 바뀌어서 영국과 일본 사이에 동맹이 맺어져 영국 해군의 통신기술 정보가 입수되었다. 그것을 참고로 36식 무선전신기가 만들어졌다. 이 36식으로는 1903년에 370㎞의 통신에 성공했다.

해군에서 자주적으로 개발된 이들 통신 장치는 러일전쟁 때 동해해전에서 위력을 발휘했는데, 그 뒤에는 단기간 동안에 통신기를 개발한 안나카(安中) 전기회사의 무선에 대한 깊은 이해와 기술이 뒤따랐다. 일본의 무선전신 개발에는 마르코니식을 능가할 만한 새로운 아이디어는 없었으나, 관민이 일체가 된 개발은 잘 이루어졌다고 할 만할 것이다.

한편 마쓰시로가 해군으로 나가고 없는 전기시험소에서는 그 뒤를 사에키가 이어받아 1900년에는 55㎞의 통신 실험을 실시했고, 마르코니의 대서양 횡단통신이 있은 뒤인 1903년에는 규슈 나가사키와 대만 사이 1,200㎞의 통신에 성공했다.

아사노도 그동안 활발한 활동을 하였다. 1906년에는 베를린에서 열린 제1회 국제무선회의에 참석하고 돌아와서 이 회의에서 채택된 무선조약(無線條約)에 따라 1907년에 조시(銚子)에 파장 300m와 600m의 무선국을 개국했다. 이때의 안테나는 높이 약 65m의 우산 모양으로 된 것이었다.

TYK 무선전화

아사노는 베를린에서 폴센식 무선전화 실험을 견학했다. 그 이후 지속진동전파의 중요성을 통감한 그는 도리가타, 요코야마, 기무라에게 무선전화의 개발을 명령하였다.

종전의 아크식 무선전화에서는 아크 막대가 고온과 고열로 녹아 버리는 데에 실용화를 가로막는 문제가 있었다. 이 방전 갭의 문제를 재료 면에서 단번에 해결하여 실용화한 것이, 1912년에 앞의 세 사람이 개발하여 그들의 성의 머리글자를

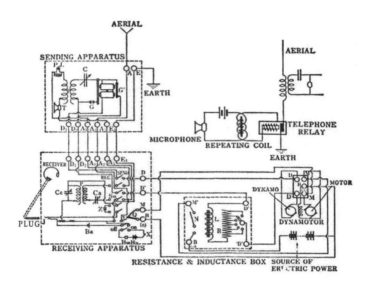

〈그림 3-27〉 TYK식 무선전화(1912년)[56]

따서 명명된 불꽃식 TYK 무선전화이다. 또 이 시기에 있었던
일본에서의 광석검파기의 자주적인 개발에 대해서도 빠뜨릴 수
가 없다(그림 3-27).

이 TYK 방식은 1906년에 독일의 M. 빈에 의해서 제안되었
고, 1908년에 E. 레페르가 개량한 순멸식(瞬滅式) 불꽃 방식에
서 힌트를 얻었다고는 하나, 실용기의 종류로서는 뛰어난 것이
어서 1914년에는 영국의 마르코니 회사에서 공개 실험을 했을
정도였다. 그 후 육상과 해상에서의 숱한 통신 실험을 거쳐
1916년에 도바-가미섬-도시섬 사이에서 실용화되었다. 이것이
세계 최초의 실용 무선전화 회선이었다.

그러나 이 뛰어난 TYK식 무선전화도 진공관식이 나타나자
자취를 감추고 말았다.

4장 전파는 어떻게 전파하는가

전파통신과 지구 이야기

1. 환경이 바뀌면 전파도 달라진다

어스와 카운터포이즈

많은 사람들에 의해서 무선전신 실험을 하게 됐을 때, 당연히 도달했으리라고 생각되는 거리에 전파가 전혀 도달하지 않는 경우가 있다는 것을 알게 되었다. 이럴 때는 우선 송신 안테나로부터 대기 속으로 전파가 잘 방사되고 있는지, 또 수신 안테나에서 대기 속의 전파가 잘 포착되고 있는지를 먼저 의심해 보아야 할 것이다.

사실 1902년에 H. 잭슨이 이와 같은 현상을 보고했다. 아무래도 마른땅 위에 통신국을 설치하면 전파가 멀리까지 도달하지 않는 듯하다. 그가 조사한 해안국에서는 보통 110㎞ 거리의 선박과 통신이 가능한데도, 여름철의 건조한 날에는 기껏해야 61㎞ 거리의 통신이 가까스로 가능했다고 한다. 그러나 그 이튿날에는 온종일 계속해서 큰비가 내리더니 이번에는 통신 거리가 113㎞로 늘어났다고 한다.

이와 같은 현상의 원인으로 생각되는 것은 기상에 의한 대지 상태의 변화다. 기술적으로는 그와 같은 대지에 접속한 어스의 도선이 어스로서 잘 작용하지 못하고 있다고 말할 수 있다. 안테나로부터 전파를 효과적으로 방사하기 위해서는 안테나를 공진 상태에 놓아두어야 한다. 그래서 안테나의 공진을 취할 때는 실제적인 문제로서 대지의 성질까지도 포함해서 고려할 필요가 있다.

1898년에 O. 로지는 이른바 '카운터 포이즈(Counter Poise)'의 전신이라고 할 대지용량판(大地容量反)을 제안했는데, 구체적

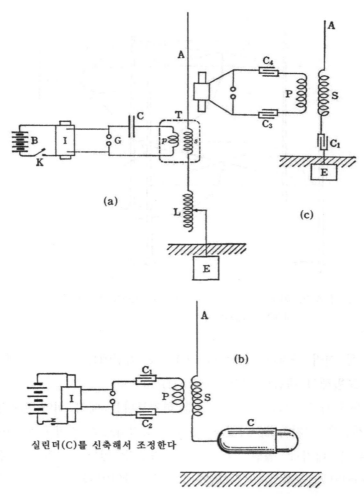

〈그림 4-1〉 접지 시스템: 마르코니(a)[7], 브라운(b)[4], 로지(c)[4]

으로 기술적인 면에서 이 어스의 문제를 생각하기 시작한 것은
1903년의 독일의 C. 아르코였다. 그때까지 생각되고 있던 공
진을 위한 접지(어스) 시스템으로는 마르코니식, 브라운식, 로지

110

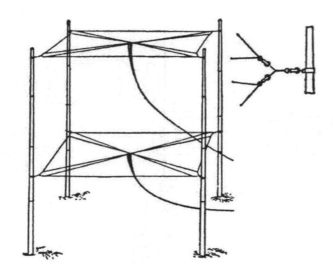

〈그림 4-2〉카운터 포이즈(로지, 뮤어헤드, 1909년)[2]: 위쪽이 안테나,
아래쪽이 대지용량

식 등 여러 가지가 있었으나 그것들도 이번에는 대지의 상태까
지 포함해서 재검토되었다(그림 4-1).

마른 대지에서는 직접 어스를 하기보다는 대지 위에 판판한
도체판을 설치하고, 이것과 대지를 정전적으로 결합하는 편이
전류가 대지로 훨씬 잘 흐르는 경우가 있다. 이런 사실은
1905년에 J. 작스, 1907년에 W. 번스타인에 의해서 각각 실
제로 확인되어 마침내 1909년에 로지와 A. 뮤어헤드의 카운터
포이즈라는 장치를 완성으로 이끌었던 것이다(그림 4-2).

중요한 일은 시각적으로 접지되어 있다는 점이 아니라 전기
적인 의미에서 접지되어 있다는 점이다.

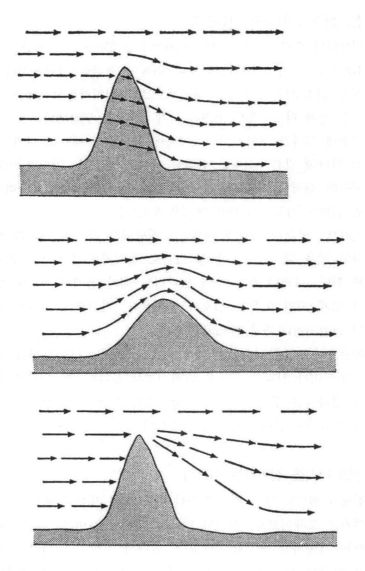

〈그림 4-3〉 산악에서 세 종류의 전파 전파 방식의 가능성[6]: 아래 그림의
전파 방식이 올바르다

섬, 산악 등에서의 회절전파

안테나의 주위에 전파 전파(電波傳播)와 관계되는 것이 있을까?

1897년 G. 마르코니는 나무나 건물이 전파를 약화시킨다는 사실을 관찰했다. 그는 그 대응책으로서 원거리통신에서는 안테나를 높게 하고, 송신 전력을 크게 할 것을 권장했다.

그런데 전파가 산악 등의 장애물에 부딪쳤을 때는 전파가 어떻게 전파해 갈까? 전파는 산악을 꿰뚫고 나갈까, 아니면 미끄러지듯이 산악을 따라가면서 전파하는 것일까? 산악은 가리개처럼 전파를 가로막아 버리는 것일까?(그림 4-3)

1902년 잭슨은 이렇게 말했다. "선박에서 육상의 전파를 수신하고 있을 때, 송신국이 섬 그늘로 들어가면 신호가 들리지 않게 된다. 그러나 섬 그늘에 있더라도 배가 섬에서 상당히 떨어져 있게 되면 이윽고 신호가 들려온다. 거기서는 이른바 전파의 회절(回折)효과가 관측되고 있었다."

마르코니도 1911년에 이것에 대해서 약간 다른 표현을 했다. "언덕이나 산악은 전파를 약화시키는 듯하다. 이 현상은 파장이 짧아지면 두드러지는데 이상하게도 이와 같은 현상은 낮에만 일어나고 밤에는 일어나지 않는다."

평면 대지를 전파하는 지표파

전파가 평탄한 대지 위를 전파할 때도 여러 가지 문제가 있다.

대지는 도체이므로, 간단히 말해서 대지의 표면은 전파를 반사하는 거울처럼 생각할 수 있다. 그래서 지상에 설치한 안테나가 반사된 상이 대지 밑에 있다고 생각하면, 대지 위에서의 전자기장 분포는 진공 속에 있는 안테나가 만드는 전자기장 분

A. E. 브롱데르

W. D. E. 더델

포와 비슷할 것이다. 1898년에 A. 브롱데르는 이렇게 생각했다. 진공 속의 전자기장 분포는 이미 1889년에 H. 헤르츠가 계산해 놓고 있었다. 따라서 헤르츠가 계산한 결과대로 전파의 강도는 송신국으로부터의 거리에 반비례해서 감쇠할 것이 틀림없다고 사람들은 생각하고 있었다(그림 4-4).

그러나 무선 종사자들은 이 헤르츠의 이론을 적용시킨 결과에 대해서는 아무래도 잘 납득이 가질 않았다. 해상이라면 또 모르겠지만 대지 위에서는 그 대지의 성질 차이에 따라서 전파의 전파 상태도 달라질 것이다. 실제로 같은 거리에서의 통신을 생각해 보더라도 영국과 노르웨이 사이의 해상통신은 분명하게 청취되지만, 프랑스와 독일 사이의 육상통신은 청취하기 힘들지 않은가 하는 것이다. 1904년에 F. 포워스도 이와 같은 사실을 알아챈 한 사람이었다. 삼림 지대와 채소밭에서는 전파의 전파 방법이 분명히 다르다. 대지의 성질이 통신 거리에 관계하게 된다면 이것은 문젯거리이다.

1905년에 영국의 W. 더델과 J. 테일러는 대지 위를 전파하는 전파가 멀리 감에 따라서 어떻게 감쇠하는가를 조사해 보기

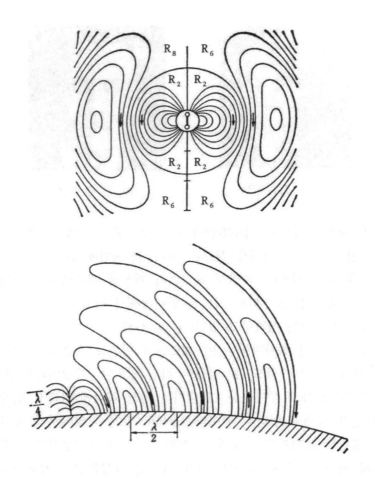

〈그림 4-4〉 헤르츠 방사기의 전자기장(헤르츠, 1888년)[1] (상)과 유추되는 대
지 위의 전자기장 분포(푸앵카레, 1901년)[4] (하): 실선은 전기력선
을 나타낸다. 대지에 평행한 성분은 생각하지 않고 있다

로 했다. 그 결과 송신점으로부터 '일정한 거리' 이상인 곳에서
는 확실히 전자기장은 헤르츠의 이론에 따라 거리에 반비례해

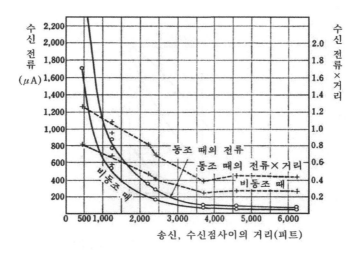

〈그림 4-5〉 지표에서의 전파 전파 실측값(더델, 테일러, 1905년)[7]:
실선은 수신 전류값, 점선은 수신 전류값과 거리의 곱을
가리키며,점선은 어느 거리로부터 일정값이 된다

서 감쇠했다. 그런데 '일정한 거리' 이내인 곳에서는 놀랍게도
전파는 지수적(指數的)으로 감쇠하고 있었던 것이다. 아무래도
전파의 전력이 대지에 흡수되고 있는 것 같았다. 그들은 그렇
게 생각할 수밖에 없었다(그림 4-5).

1907년에 독일의 J. 체넥은 유명한 논문을 발표하고, 대지의
도전율이 전파의 지표 전파에 주는 효과를 이론적으로 조사했
다. 그리하여 전파는 지표에 전파해 감에 따라서 그 전력의 일
부가 확실히 대지로 흡수되고, 지표의 전자기장은 지수적으로
감쇠해 간다는 것이 밝혀졌다.

또 체넥의 이론을 이용해서 1908년에 독일의 F. 허크는 마
른 대지, 비가 내린 대지 등에서 전파가 감쇠해서 전파하는 상

116

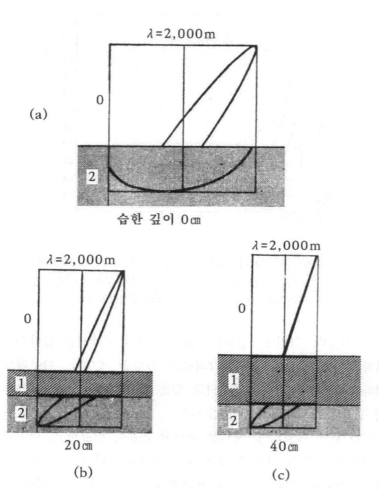

〈그림 4-6〉 지표에 전파해 가는 전파의 상태(허크, 1908년)[6]: 쾌청할 때(a),
빗물이 지표 밑 20㎝에 달했을 때(b), 40㎝에 달했을 때(c).
실선은 전기력선을 표시. 그림으로부터 대지에 평행한 성분의
전기장이 있다는 것을 알 수 있다

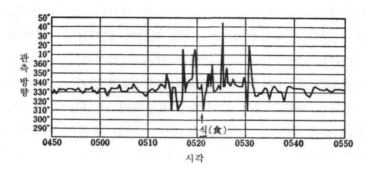

〈그림 4-7〉 일식 때에 슬로에서 맨체스터의 전파를 받아, 전파로써
조사한 맨체스터의 방위[50](스미스 로우즈, 1927년 6월 29일):
지표에서 태양이 비치는 곳과 비치지 않는 부분을 동일하
게 생각할 수는 없다

태를 밝혔다(그림 4-6).

그리고 1909년에는 독일의 수리물리학자 A. 조머펠트에 의
해서 더텔-테일러의 실험을 정확하게 뒷받침하는 이론 계산이
제출되었다. 그것에 따르면 대지의 전자기장 분포는 그가 '공간
파(空間波)'라고 불렀던 파, 즉 안테나로부터 직접 방사되어 거
리에 반비례해서 감쇠하는 파와, 그가 '지표파(地表波)'라고 부른
파, 즉 지수적으로 감쇠하는 파의 합계로 표현되었다. 안테나에
가까운 곳에서는 지표파가 공간파보다 훨씬 강하고, 멀어지게
되면 공간파가 우세해지는 것이다. 그러나 그의 계산에는 약간
의 오류가 발견되어 그 후 20년 동안에 걸쳐 지표파의 존재를
둘러싼 논쟁이 일게 된다(그림 4-7).

해안선의 문제

그러면 여기서 좀 더 복잡한 현상을 생각해 보기로 하자.

전파가 전파하는 방법은 장소에 따라 다르다. 그렇다면 물과 바다가 접하는 해안선에서는 어떤 현상이 일어날까? 전기적으로 성질이 다른 두 장소인 바다와 대지의 접선에서는 무엇인가 일어날 것이다. 1912년 F. 브라운슈바이크의 단파 실험에 따르면, 전파는 해안선에서 꺾어져서 진행하며 거기서 마치 반사, 굴절과 같은 현상이 일어난다고 한다. 이런 종류의 현상에 대해서는 1920년에 F. 에커즈레이가 전파 방향탐지기를 이용해서 자세한 보고를 하였다.

2. 전파의 거울, 전리층

대서양 횡단통신

마르코니는 1899년에 미국에서 실시할 요트 경주의 무선중계를 생각하며 대서양을 건너갔다. 그러나 그의 예상에 반해서 중계는 탐탁하지 못했고 주목을 끌 만한 것이 되지 못했다. 그 직후 그는 해군의 함선을 찾아가서 그의 장치로 58㎞ 거리의 통신 공개 실험을 해 보였지만, 역시 좋은 기회를 만들

J. A. 플레밍

만한 단계에는 이르지 못했다. 그래도 꺾이지 않고 영국으로 되돌아가는 배 안에서 이번에는 대서양 횡단통신을 이루어 보리라고 스스로 다짐하는 것이었다.

귀국 후 마르코니는 자기 회사의 고문으로 있는 J. 플레밍에

〈그림 4-8〉 대서양 횡단통신에 이용한 폴듀의 대형 안테나(1901년): 당초의 원기둥안테나(상)[18]와 실제로 사용한 하프 안테나(하)[19]

게 지시해서, 레이던병의 충전용으로 20kV의 전원을 제작하게
했다. 수신기도 종전처럼 벨소리를 듣는 것이 아니라 수화기로
듣는 방식으로 전환했다. 공중선에 대해서도 그가 직접 설계했
다. 그리하여 높이 60m, 지름 60m의 원기둥을 배열한 대공중
선을 콘월의 폴듀에 건설했다. 설계도를 들여다보던 그의 조수
가 "이런 공중선은 바람만 불면 바로 쓰러져 버린다"고 충고를
했으나, 그는 "괜찮아, 문제없어"라고 장담하며 제작을 강행시
켰다. 그러나 역시 조수의 예상이 적중하고 말았다. 1901년 8
월 1일의 폭풍으로 대공중선은 쓰러지고 말았다. 그래서 이번
에는 약간 소형인 높이 45m의 하프(Harp)형 공중선을 세웠다.
그리하여 11월에는 폴듀와 아일랜드 방송국 간 360km 거리의
통신 실험을 해서, 이 거리의 10배쯤은 더 멀리 도달할 것으로
예측되는 강력한 신호를 수신해서 자신감을 얻었다(그림 4-8).

준비는 끝났다. 이제는 미국을 향해서 출발이다. 그는 두 사
람의 조수와 함께 기구 2개, 연 6개를 가지고 뉴펀들랜드에 상
륙했다. 먼저 지방 유지들을 찾아다니며 인사를 돌고 나서 12
월 9일에 실험을 시작했다. 그들은 먼저 180m 높이로 연을
띄웠다. 그러나 연은 바람에 밀려 해상으로 떨어져 버렸다. 다
음 날에는 기구를 120m 높이로 올려 보았다. 이번에는 돌풍에
휘말려 부서지고 말았다. 그래서 논의한 끝에 연을 120m 높이
로 띄우기로 결정하였다(그림 4-9).

목요일인 12일에는 연을 띄우고, 미리 합의해 두었던 대로
신호 S(도 도 도)를 대기시켰다. 연을 띄우고 처음 30분 동안은
아무 소리도 들리지 않았으나, 12시 30분에 드디어 '도 도 도'
하는 신호가 들려왔다. 마르코니는 이렇게 수월하게 성공할 리

〈그림 4-9〉 뉴펀들랜드의 연을 이용한 수신 안테나(1901년)[19]

가 없다고 스스로를 의심하며, 조수에게 수화기를 건네주고 "이봐, 뭐가 들리는가?" 하고 물었다. 조수가 신호를 확인한 다음에야 그도 치미는 기쁨을 맛보는 것이었다. 플레밍의 추정에 따르면 파장이 960m보다 더 긴 전파에 의한 대서양 횡단통신이었다.

마르코니 그룹에서는 이때 이미 동조전파(同調電波)의 실험을 하고 있었다. 그러나 이 대서양 횡단 수신 실험에서는 동조 장치를 장치하지 않았었다. 이 대실험에서는 바람에 따라서 연의 위치가 바뀌고, 공중선의 공진특성(共振特性)이 시시각각으로 변화하기 때문에 수신신호가 들렸다 안 들렸다 했던 것이다.

12시 30분에 이어서 1시 이후, 2시 이후에는 신호를 판별할 수 있었으나 그 후 풍향이 바뀌어서 신호를 수신할 수 없게 되었다. 이튿날의 실험에서는 신호가 들렸으나 명료하지 못했다. 마지막으로 토요일에는 신호를 전혀 수신할 수 없었다. 1주일 동안의 실험에 걸쳐 수신 상태가 안정되어 있다고는 말할 수 없었다. 그러나 목요일에는 완전히 수신에 성공했던 것이다. 어쨌든 2,800㎞의 대서양을 건너 전파가 전해진 것이다. 가장 좋은 결과야말로 진짜 결과가 아닌가? 그는 그렇게 스스로를 타이르면서 모든 실험을 마쳤다.

전리층의 예언

마르코니의 대서양 횡단통신의 소식을 듣고, 브랑리와 로지는 칭찬을 아끼지 않았다. 이렇게 칭찬하는 사람들과는 달리, 도대체 어떻게 해서 전파가 전해졌을지 궁리하는 연구자도 많았다. 그 가운데서 가장 두드러져 보인 것이 1902년 3월 미국 A. 케넬리의 발표와 독립적으로 그해 6월에 발표된 O. 헤비사이드의 전리층(電離層)가설이었다.

케넬리와 헤비사이드는 이렇게 생각하고 있었다. 가까운 거

A. E. 케넬리

O. 헤비사이드

리라면 몰라도 먼 거리의 통신에서는 전파가 장애물의 뒤쪽으로 돌아서 전해지는 이른바 회절효과는 그다지 기대할 수 없다. 수평선으로 향한 전파는 이윽고 수평선을 넘어 직진하여 지구 상층부에 도달할 것이다. 이 상층부에 전파를 거울처럼 반사하는 도전체의 층, 즉 전리층이 있다고 가정한다면 전파는 이 층과 지표인 해면 사이에서 다중반사(多重反射)를 되풀이해서 이윽고 미국에 도달할 것이다. 지표로부터 80㎞ 이상 올라간 대기 상층부에서는 태양에서 오는 강력한 자외선이 존 재하므로 기체는 전리되어 있을 것이 틀림없다. 이 전리된 층이 전파에 대해서 거울처럼 작용하고 있을 것이 틀림없다.

전리기체(電離氣體)이론은 영국에서 이미 J. 톰슨에 의해서 발표되어 상식이 되어 있었는데, 그들은 그것을 천연의 자연환경에서 찾았던 것이다. 가설은 어디까지나 예언이다. 이 빼어난 직감

J. J. 톰슨

이 실증되기 위해서는 그래도 2세기의 세월이 필요하였다.

3. 전파는 밤을 좋아한다

낮의 신호, 밤의 신호

마르코니는 1902년 2월, 대서양 횡단 여객선 필라델피아호를 타고 다시 미국으로 향했다. 이번에는 그 뱃길을 이용해서 대서양의 전파 전파 상태를 조사해 보려고 폴듀로부터 오는 신호를 매일 일정한 시간에 수신하고 있었다. 배 위에 세워진 높이 61m 안테나의 신호에서 그는 다시 대발견을 하게 된다.

배가 영국으로부터 1,130km의 거리에 이르게 되자 그때까지 잘 들려오던 주간의 신호가 전혀 들리지 않게 되었다. 이 정도가 아마 폴듀의 신호를 배에서 수신할 수 있는 한계인 듯하다고 생각하고 있는데, 밤이 되자 낮 동안에는 들리지 않던 신호가 강력하게 수신되지 않는가? 도대체 어찌 된 일이란 말인가? 배가 영국으로부터 2,440km 거리에 이르렀을 때, 폴듀의 야간신호 강도는 최대치에 이르렀고 계속해서 3,300km 지점에서까지 야간신호를 들을 수 있었다.

대기는 전리되어 있을까?

마르코니는 배 위에서 이 현상을 설명할 수 있는 방법을 생각해 보았다. 주간에 전파가 약해지는 것은 아무래도 태양과 관계가 있을 듯했다. 그의 머리에는 톰슨의 전리기체 연구가 떠오르고 있었다. 태양의 자외선을 받은 대기가 한몫을 하고 있는 것이 틀림없다.

'폴듀에 아침 해가 쬐기 시작하고 송신기의 불꽃갭 사이 공간에 전리가 진행되어 송신기의 능률이 떨어지는 것이겠지. 아니야, 그건 틀렸어. 헤르츠는 불꽃갭에 자외선을 쬐면 불꽃이 더 잘 뻗어 나간다고 말하고 있지 않은가?

그렇다면 송신 안테나 주변 공간이 자외선 때문에 전리되어 그 부근의 대기에는 전류가 흐르기 쉽게 되어 있는 것이 틀림없다. 모처럼 안테나로부터 전파를 발사했더라도 그 주위에서 전파의 에너지가 대기의 전리 때문에 흡수되어 버리는 것이리라. 아니 잠깐, 폴듀에서 320㎞ 지점까지는 낮이건 밤이건 마찬가지로 들리지 않았던가? 이것은 단순히 안테나 주변의 문제가 아니라 전파하는 경로가 문제인 것 같다.'

전문가들이 태양자외선의 대기에 대한 효과를 생각하고 있을 때 세상에서는 다음과 같은 말이 사실인 양 나돌고 있었다. "전파는 악마의 소유물이다. 왜냐하면 밤을 좋아하거든." X선이 발견되었을 때는 X선이 통하지 않는(?) '팬티'가 인기를 끈 시기도 있었다고 한다. 유명한 로지마저도 죽은 아들을 그리워한 나머지 전파로 영계(靈界)와 통신을 할 수 없을지 골똘하게 생각했다는 시대였다.

그런데 갖가지 소문이 나도는 가운데서도 전문가들은 기구나 연을 띄우며 착실히 대기의 전리 상태를 조사하고 있었다. 그리고 최종적으로 다음과 같은 결론을 내렸다. 대서양상에서 주간의 전파 감쇠를 대기의 전리현상으로서 설명하기 위해서는 대기 속에서 실측되는 전리 상태의 수만 배의 전리 상태를 가정해야만 한다는 것이었다.

126

일본에서는

그 무렵, 일본에서는 어떠했을까? 해상에서의 원거리통신은 1908년 5월에 시애틀 항로를 달리는 단고(丹後)호의 205㎞ 거리 통신이 처음이었다. 그때는 주간통신이 안 된다고 해서 야간에 다시 한 번 실험해 보려고는 아무도 생각조차 하지 않았었다. 2,000㎞ 이상의 거리에 이르는 야간통신은 그해 12월에 사에키에 의해서 우연히 발견되었다.

4. 하늘을 쳐다보는 사람들

해양 위에서의 전파 실험

전파의 해상에서의 전파 상태를 알아 둔다는 것은 해군에게는 기본적인 문제다. 그래서 미국의 L. 오스틴 그룹은 보스턴 앞바다에서 1909년과 1910년에 대규모 모스부호에 의한 해상 전파 실험을 실시하였다(그림 4-10).

이 실험에서는 파장이 3,000~300m인

L. W . 오스틴

장, 중파를 이용했고 수신 관측점은 송신국으로부터 1,600㎞ 거리에 있었다. 그리고 주간 해상 전파 실험식(實驗式)으로서는 나중에 이 그룹에 참가한 L. 코헨과 더불어 오스틴-코헨의 실험으로 알려진 유명한 식을 유도했다. 이 식에 따르면 파장이 긴 전파일수록 멀리까지 도달한다는 것이 분명했다. 이 사실로부터 장, 중파의 가치가 정해지고 장파는 해외통신용으로, 중파

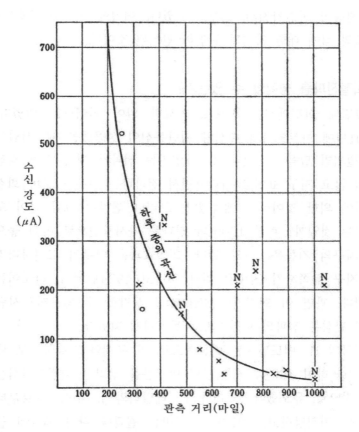

〈그림 4-10〉 1,000m파의 해상 전파 실험(오스틴, 1910년)[7]: ×는 측정값.
$\underset{\times}{N}$는 야간의 측정값

는 국내통신용으로 사용한다는 사고방식이 분명히 정착되었던
것이다.

　또 이 실험을 뒤쫓다시피 해서 해군에서는 다시 1913년에 J.
호건이 알링턴에서 음성전파를 내어, 전파 실험을 해서 오스틴

의 관측과 마찬가지의 결과를 얻었다. 여기에 이르러 오스틴-코헨의 식에 대한 가치가 완전히 인식된 것이다.

회절전파를 생각할 수 있는가?

그런데 한편에서는 참으로 기묘한 일이 일어나고 있었다. 1901년에 마르코니의 대서양 횡단통신이 성공했을 때, 사람들은 별의별 말을 다 했다. L. 레일리는 전파가 빛과 같이 직진하지 않고 지구 표면을 따라가면서 전파하는 것은 이른바 회절효과에 의한 것이라고 예측했다. 그러나 전파는 그와 같이 회절하는 것일까? 파장 100m의 전파를 가시광선으로 바꿔 놓으면 지구의 지름은 6㎝가 된다. 회절효과를 아무리 고려하더라도 지구 뒤쪽까지 전파될 리가 없다고 1924년에 J. 라모어는 말했다. 과연 이 회절전파(回折傳播)를 생각할 수 있을까? 사람들의 관심은 전파의 회절효과로 돌려지게 되었다.

영국의 H. 맥도널드는 이론적으로 이 문제와 대결하기로 했다. 그리하여 1903년에 지구의 반지름을 생각한 회절전파식을 이론적으로 유도했다. 그러나 L. 레일리와 J. 푸앵카레로부터 오류를 지적당하고, 1910년에 올바른 결과를 다시 세상에 물어야 했다. 그의 정확한 식에 따르면, 전파가 멀리 가서 감쇠하는 상태는 오스틴-코헨의 실험식보다도 빨리 감쇠해 버리는 것이었다.

실험식과 부합되지 않는 이론식이라니, 이것 또한 기묘한 일이었다. 이론을 믿는 사람들 가운데는 이 이론에 억지로 끼워맞추려는 전파 실험식을 제안하는 사람도 나타났다. 이야기는 도무지 갈피를 잡을 수 없어 어느 것이 진실인지 아리송해진

1915년에 미국의 이론가 A. 럽은 마침내 이런 발언을 하기 시작했다. 해상에는 아직도 알지 못할 일이 많으므로 이론을 믿는 것도 실험을 믿는 것도 모두 잠깐 덮어 두기로 하자고 말이다.

L. 레일리

전리층을 상상한다

그런데 케넬리와 헤비사이드가 예측하는 전리층이 틀림없이 존재할 것이라고 생각하는 사람 중에 영국의 W. 에크레스가 있었다. 그는 1911년에 자연의 전파잡음을 관측하고 있을 때 그중 어떤 것은 지구에서 전역적으로 발생하고, 그것들은 일정하게 일출과 일몰 때에 집중되어 있다는 사실을 발견하였다.

1912년에는 마르코니가 대서양 장파통신 회선의 전파 강도 일변화(日變化: 하루 동안의 변화)를 보고하여 역시 일출과 일몰 때에 강도가 대폭적으로 변동한다는 것을 발표했다. 이것으로부터 에크레스는 지구 상층에 전리층이 있고, 그 위치가 낮과 밤에 따라서 변동하기 때문에 일출과 일몰 때에 특이한 현상이 일어나는 것이 틀림없다고 간파했던 것이다. 그리고 대담하게도 전리층이 있다면 그 구조는 〈그림 4-11〉과 같을 것이라고 예측했던 것이다.

에크레스에게 있어서는 그의 행동은 그때까지 지구물리학의 세계에서 이야기하던 사실을 예리한 직감에 따라 믿었던 결과였다. 1772년에 G. 그레이엄은 자북(磁北)을 가리키는 자침이 하루에 걸쳐 느릿하게 이동한다는 것을 발견했다. 1882년에

130

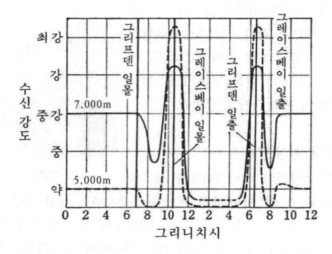

〈그림 4-11〉 전파수신 강도의 일변화(마르코니, 1912년)[7]: 노바스코
샤의 그레이스베이 송신의 전파를 아일랜드에서 수신.
일출, 일몰 때에 강도가 급변한다

B. 스튜어트는 이 지자기(地磁氣)의 일변화는 대기 상층부에 흐
르는 어떤 전류의 변화에 의해서 일어난다고 생각하고 있었다.
또 A. 슈스터는 1889년에 이론상의 계산을 해서 대기 상층부
에 도전층이 없으면 안 된다고 단언하고 있었다. 지구물리학자
는 벌써 이때 전리층의 존재뿐만 아니라 전리층의 조석(潮汐)현
상까지도 머릿속에 그려 내고 있었던 것이다. 또 1895년에는
W. 캔벨이 초승달밤에 하늘 전체의 광(光)스펙트럼의 분포를
조사해 보았더니, 하늘 전체에서 놀랍게도 5.570Å의 오로라가
내는 스펙트럼선을 발견했던 것이다. 이 사실은 일정한 고도의
대기가 하늘 전체에서 전리되고 있다는 것을 말해 주고 있었
다. 에크레스는 이상과 같은 지식으로부터 슈스터의 이론을 한

걸음 더 발전시켰던 것이다.

수리물리학자의 결론

1918년에 영국의 응용수학자 G. 왓슨은 지구의 회절전파 문제에 흥미를 가지고 대기 상층부에 도전층을 가정해서 이론적으로 해석해 보았다. 그러자 전파식의 결과가 오스틴-코헨의 결과와 일치하지 않는가! 그 이후로는 이론가도 대기 상층부에 도전층이 있으리라고 생각할 수밖에 없게 되었다.

어쨌든 하늘에는 전파의 거울이 있는 것이다. 케넬리와 헤비사이드의 예언은 옳았다. 그러나 도대체 어떤 방법으로 그 존재를 직접 확인해야 하는가? 연구자들은 또 고민하는 것이었다.

5. 포착된 전리층

전파 방향탐지기의 이용

대기 상층부에 존재할 터인 전리층, 간접적으로 그 존재를 알고는 있어도 직접적으로 확인하는 결정적 방법이 얻어지지 않는다. 이 문제는 통신에 관계되는 중대한 문제이다. 숱한 사람들이 이것에 도전하였다.

1907년에 R. 페센덴은 전파의 도래 방향을 조사하는 방향탐지 연구에 흥미를 가지고 중파로 여러 가지 측정을 하고 있었다. 그때 저녁부터 야간에

R. L. 스미스 로우즈

132

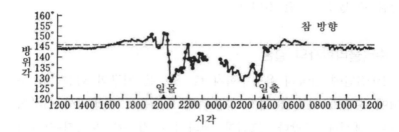

〈그림 4-12〉 전파 방향탐지의 야간효과(스미스 로우즈, 1926년 6월 2일)[41]: 파리
　　　　　교외에서 수신된 파장 14.3km의 전파를 영국의 디딘튼에서 수신

걸쳐서 전파의 도래 방향이 들쑥날쑥하다는 것을 인정했는데,
때로는 본래의 지시 방향에서 20~30도나 벗어났다고 한다.
이와 같은 지시 방향의 오차현상은 방향탐지 기술자들 사이에
서 야간효과라고 불리고 있었다.

　이 야간효과의 이유로서 1921년에 영국의 T. 에커즈레이는
아마도 존재하리라고 생각되는 케널리-헤비사이드층으로부터의
반사전파의 영향일 것이라고 예측하고 있었다. 그런 데서부터
전파 방향탐지 기술에 종사하는 많은 사람들의 눈은 상공으로
쏠리고 있었다. R. 스미스 로우즈와 R. 버필드는 전리층으로부
터 반사되어 오는 전파의 도래 방향을 직접 방향탐지기로 측정
하려고 하였다(그림 4-12).

　그럴 때에 새로운 생각이 등장하였다.

페이딩 현상의 이용

　전리층의 직접 측정에 성공한 것은 1924년 영국의 E. 애플
턴과 M. 버넷이었다. 그들은 우선 전리층과 직접 관계되는 현
상을 찾아 보았다. 그리하여 마침내 1912년 G. 프리스와 L.

디포리스트의 페이딩(Fading)에 관한 발견 보고가 눈에 띄었다. 저녁때와 야간에 전파의 수신 강도가 변동하고 이른바 페이딩 현상이 관찰될 때가 있다. 이것은 동일 송신국으로부터 나온 여러 전파가 겹쳐 이른바 간섭현상에 의해서 일어나는 것 같다. 쉽게 말하면 그들은 전파의 비트(Beat) 현상을 발견했던 것이다.

E. V. 애플턴

페이딩에 관해서는 이런 이야기가 있다. 미국에서 단파통신을 생각했을 때는 이미 1918년에 아마추어에게 단파를 개방하고 있었으므로 그 전파특성, 특히 단파 페이딩의 측정을 아마추어 무선연맹 ARRL에 의뢰했다. 이에 따라 ARRL의 협회장 S. 클루즈는 1920년에 회원들에게 통보해서 다음과 같이 주의를 환기시켰다. '페이딩'은 어떠한 전파의 반사체로부터의 반사 전파가 원인이다. 구름, 짙은 안개, 예상되는 케넬리-헤비사이드 층, 전리화(電離化)한 대기의 표면, 대지의 전기적 특성 변화 등에 대해서는 측정 때 잘 고려해 볼 필요가 있다고 말이다(그림 4-13).

그보다 조금 전에 C. 션스키는 파장 200m의 단파에 대해서 송신국과 240m 떨어지면 신호가 들리지 않게 되지만 그보다 더 멀리 가면 신호가 다시 들리게 된다고 말했다. 이것은 당시 도약(跳躍)현상이라고 불렸는데 그는 그 원인으로서, 대지에 의한 전파의 흡수나 케넬리-헤비사이드 층에 의한 전파의 반사를 생각하고 있었다.

애플턴은 직감적으로 페이딩 현상으로써 전리층을 설명할 수

134

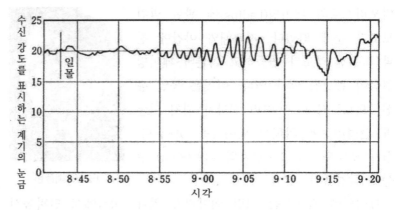

〈그림 4-13〉 저녁때의 페이딩 측정 예(애플턴, 1925년)[42]

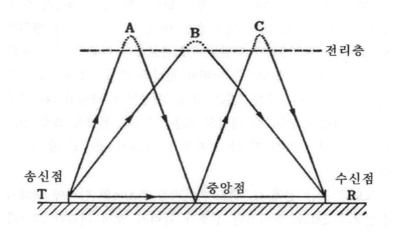

〈그림 4-14〉 전리층 반사파에 의한 페이딩 설명도(애플턴, 1925년)[42]: 페이딩
은 전리층에서 두 번 반사하는 전파에서도 일어난다

있으리라고 생각했다. 적당한 전파를 이용해서 인공적으로 페
이딩을 만들어 주면 되는 것이다. 고지점에서 주파수를 평평하

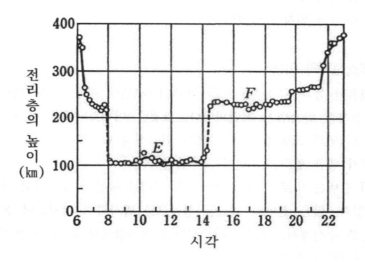

〈그림 4-15〉 100m파로 관찰한 전리층 위치의 일변화(애플턴, 1928년 10월 21일)[32]: 전리층의 구조가 E, F의 이중구조로 돼 있는 것을 알 수 있다

게 변화시켜 가면서 전파를 내어, 즉 오늘날의 이른바 FM파(주 파수변조파)를 내어 이것을 R지점에서 수신한다(그림 4-14).

R지점에서는 T지점으로부터의 직접파와 아마 존재하리라고 예상되는 전리층에 한 번 반사되어 오는 반사파를 수신한다. 이때 두 경로에는 시간 차가 있기 때문에 겉보기로는 두 주파 수의 전파를 수신해서 '비트'가 일어난다. 이 비트의 주기를 조 사하면, T지점에서 나온 직접파보다 몇 초 전에 전리층에서 반 사된 파인가를 알 수가 있다(그림 4-15).

이런 예측을 바탕으로 해서 야간에 보네머스 방송국을 빌려 서 한 파장 300~400m 중파대의 실험에서는 예기했던 대로의

136

비트를 수신해서 대성공을 거두었다. 전파를 반사하는 것이 지상 100㎞의 위치에 있었던 것이다.

펄스전파의 이용

애플턴 등의 발표보다 조금 늦은 1926년에 미국에서도 새로운 전리층 관측법이 제안되었다. 그것은 미네소타대학의 스완과 프레인의 조언을 얻어 카네기 연구소의 G. 브라이드와 H. 튜브가 행한 펄스(Puls)법이라는 방법이다.

이 방법은 바로 음파의 메아리의 원리를 응용한 것이라고 할 수 있다. 짧은 전파의 펄스를 상공으로 발사하여 반사되어 온 전파를 수신해서, 그때까지의 시간을 측정함으로써 전리층까지의 거리를 측정하려는 것이다.

70m파를 이용한 그들의 실험은 대성공이었다. 브라이트-튜브의 논문을 읽고, 애플턴 자신도 그 후의 전리층 관측에는 이 펄스법을 이용했다고 한다.

전리층의 특이한 현상

이 전리층의 발견에 의해서 그때까지 통신 세계에서 이해할 수 없는 것으로 여기고 있던 현상을 하나하나 설명할 수 있게 되었다. 그러나 이 전리층의 성질은 결코 단순한 것이 아니었다. 숱한 통신 관계자와 지구물리학자에 의해서 연구가 계속되고 있는데, 여기서 통신과 관계되는 두 가지 현상에 대해서 설명하겠다.

전리층은 이름 그대로 전리된 기체로 이루어져 있다. 그래서 지자기의 영향을 받게 된다. 태양 활동이 활발해지고 지상의

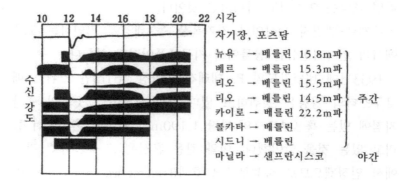

〈그림 4-16〉 단파대전파의 수신특성(메게르, 1928년 10월 10일)[44]: 수신 강도
의 급변은 낮에만 일어나고 야간에는 일어나지 않는다

자기 분포에 변동이 일어나는 자기폭풍이 일어나면 전리층은
불안정해지고, 그것을 이용한 단파통신은 피해를 받아 며칠 동
안이나 통신이 불가능해지는 경우가 있다. 그러나 주간에 이렇
다 할 지자기 변화가 인정되지 않을 때에 단파통신이 수 분에
서 수십 분 동안에 걸쳐 뚝 끊어져 버리는 일이 1930년에 독
일의 H. 메게르에 의해서 발견되었다. 그는 이 현상을 수신기
의 상태가 나쁜 탓이 아닌가 하고 생각하고 있었으나 그렇지
않다는 것을 알아챘던 것이다(그림 4-16).

1935년에 미국의 H. 델린저는 이 현상이 태양 자전주기의
2배인 27일의 간격으로 자주 발생한다는 것을 그의 통계적 연
구로부터 알아냈다. 현재 이 메게르-델린저 현상은 태양 표면
의 폭발로 인한 X선의 방사에 의해서, 지구의 전리층 하부에서
일어나는 이상현상으로 설명되고 있다. 우리가 지구를 생각할
때는 태양까지 거슬러 올라가서 생각해야 한다. 대지가 어머니

라면 태양은 여기서도 아버지인 것이다.

메게르-텔린저 현상이나 자기폭풍 등 태양에 기인하는 고층에서의 전자기현상을 통틀어서 지구폭풍이라고 부른다.

1933년에 네덜란드의 B. 테레겐은 파장 461m인 스위스 베로무스터의 방송을 청취하고 있다가, 송신점이 그곳과의 중간지점에 있는 룩셈부르크의 파장 1,190m인 방송이 혼신해서 들리고 있는 것을 알아챘다. 이와 같은 혼신은 그 후, 유럽 각지에서 인정됐으므로 룩셈부르크 효과(Luxemburg Effect)라는 이름으로 불리게 되었다.

이 현상은 야간에만 나타나기 때문에 전리층에 관계가 있으리라고 생각되고 있었다. 1934년에 V. 베일리와 D. 마틴은 전리층의 이론적 해석을 통해 이 현상을 두 전파가 전리층 속에서 복잡하게 상호작용을 한 결과라고 설명했던 것이다.

6. 전파는 변덕쟁이

빛에 가까운 전파

레이더나 텔레비전에 이용할 목적으로 초단파전파는 이미 2차 세계대전 전에도 여러 모로 연구되고 있었다. 초단파의 전파 방법도 그런 데서부터 급속도로 밝혀졌다고 할 수 있다.

중파나 단파는 전리층에서 반사되지만 그보다 위에 있는 초단파대의 경우에는 전리층의 영향을 받지 않게 되고 그것을 관통해 버린다. 초단파의 전파에서는 전리층이란 이미 중요한 뜻을 지니지 못한다. 그러나 초단파의 파장은 상당히 짧아 중파나 단파에 비해 빛에 한 걸음 더 가까운 전파이므로 대기의 영향을 받기 쉬워진다.

한마디로 말해서 초단파나 마이크로파(Microwave)에서는 빛에서의 신기루와 같은 현상을 생각해야 한다.

라디오덕트

대기 속 전파의 굴절률은 기압, 기온, 수증기압 등의 기상 조건의 영향을 받는다.

1935년에 R. 헐은 오랫동안에 걸친 5m파의 관측 결과로부터, 대기 상층에서 따스한 공기층이 찬 공기층 위에 있게 되는 등으로 대기 온도에 역전(逆轉)이 있을 때는 전파의 수신 상황이 좋아진다는 것을 지적하였다.

또 이것과 관계해서 R. 왓슨 와트는 지극히 짧은 펄스를 대기 상층으로 발사해서 지상으로부터 수 킬로미터 떨어진 곳에 전파 반사층이 있다는 것을 확인했다. 그는 이것을 새로운 전리층이 아닐까 하고 생각했으나 그 예측은 틀렸다. 미국의 C. 인그룬트가 실시한 1936년 4m파대에서의 측정으로 이 전파반사층이 온도역전층이라는 것이 밝혀졌기 때문이다. 이 온도의 역전은 대기의 굴절률에 변화를 주는 커다란 요인이다(그림 4-17).

초단파의 전파는 이 대기 속 온도역전층의 전파반사층과 대지 사이에서 다중 반사를 하는 경우가 있다. 이것이 이른바 덕트(Duct) 전파라고 불리는 것이며, 초단파가 가시 영역 밖으로 전파되는 경우가 흔히 있다. 2차 세계대전 중의 극단적인 예로는, 폼페이에서 보낸 1.5m파의 레이더 전파가 2,700km 떨어진

140

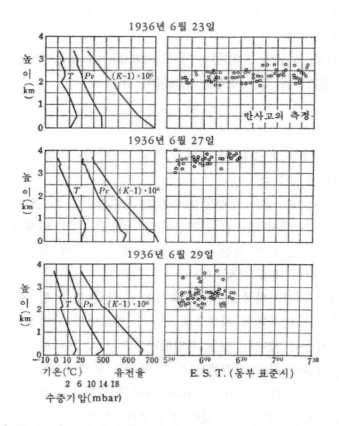

1936년 6월 23일

1936년 6월 27일

1936년 6월 29일

기온(°C)   유전율   E. S. T. (동부 표준시)
2 6 10 14 18
수증기압(mbar)

〈그림 4-17〉 대기 속 전파반사층의 위치와 기상 데이터와의 관계(인
그룬트, 1940년)[35]: 사용 주파수는 64~69MHz

아라비아에서 수신됐다고 한다.

덕트 현상은 기상 상태와 관계되며 늘 일어나는 것은 아니
다. 하층 대기에 온도의 역전이 있고, 동시에 수증기압이 고도
증가에 따라서 감소해 가는 등의 경우에 '덕트'가 발생한다. 이
와 같은 환경은 차가운 해면 위에 따스하고 건조한 바람이 불

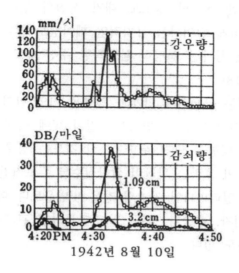

〈그림 4-18〉 강우와 센티미터파의 감쇠 관계(로버트
슨, 킹, 1942년)[35]: 파장이 짧아지면 강우
와의 관계가 두드러진다

때와 같은 상태에서 발생할 때가 많고, 특히 한여름처럼 육상
에서 해상으로 대기의 순환이 있을 때는 해안선을 따라가며 덕
트가 발생하기 쉽다.

또 육상에서는 맑게 갠 야간에 대지가 급격히 냉각되는 경우
등에 발생하기 쉽다.

페이딩, 전파흡수

초단파에서는 아지랑이나 별의 깜박임과 같은 현상도 일어난
다. 송신점과 수신점 사이에서 이와 같은 현상이 일어나면 수
신 전파의 강도가 변화해서 이른바 페이딩으로서 관측된다. 이

들의 불규칙한 페이딩 말고도 대기 성질의 일변화에 의해서 나날이 일정하게 일어나는 규칙적인 페이딩도 있다. 그러나 폭풍우가 칠 때 등에는 상당히 불규칙한 수신 강도 변화를 나타낸다(그림 4-18).

초단파에서는 구름이나 안개의 영향을 거의 받지 않지만, 극초단파나 마이크로파가 되면 그 성질이 빛에 극히 가까워져서 빗방울 등의 영향을 받게 된다. 수신 강도는 강우량과 관계해서 감쇠하며 이 효과는 파장이 짧아질수록 두드러진다.

또 파장이 밀리미터인 전파의 경우 빗방울보다 더 작은 안개나 구름의 입자, 수증기 등도 그 전파특성에 관계하게 된다는 것은 말할 것도 없다.

5장 인간을 에워싸는 천연전파, 인공전파

전파잡음 등의 이야기

144

1. 천연의 불꽃과 번개

번개전파

O. 로지의 강연록을 입수해서 1895년에 송수신기를 조립한 A. 포포프는 그해 여름에 실험을 하다가, 송신기의 키에 전혀 손을 대지 않았는데 갑자기 수신기의 벨이 울려 깜짝 놀랐다. 얼마 후 그는 그것이 무엇 때문인지를 알아냈다. 문제의 벨이 울린 뒤에는 늘 천둥소리가 뒤따르는 것이었다.

A. S. 포포프

'이것 재미있는 현상이군.' 그는 뇌운(雷雲)이 몰려올 때면 바로 수신기의 스위치를 넣고 관찰한 끝에, 빛과 소리를 감지할 수 없는 먼 곳에서 일어나는 천둥으로도 수신기가 동작한다는 사실을 확인했다. 그리고 그는 그의 장치를 기상 예측을 위한 뇌검전기(雷檢電器)로서 이용하는 것을 착상했다. 번개로부터 전파가 나오고 있었던 것이다. 프랭클린 이후 번개가 전기불꽃이라는 것은 잘 알려져 있었다. 번개와 전파의 결부는 조금도 이상할 것이 없다. 로지도 이 사실을 헤르츠의 실험이 있기 훨씬 전에 이미 예측하고 있었는데 그 예측이 바로 여기서 확인된 것이다.

그런데 이 현상에 대해 기상 관계자들이 흥미를 가지지 않을 리가 없었다. 1898년에 레너는 포포프의 장치를 개량하여 먼 곳에서 일어나는 번개와 가까운 곳에서 일어나는 번개를 구별할 수 있는 장치를 만들었다. 1901년에 G. 페리어는 160㎞

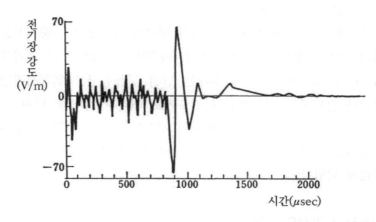

〈그림 5-1〉 전형적인 뇌공전의 파형(노린더, 1954)[25]

전방에서 일어나는 뇌전파(雷電波)를 수신하는 데 성공했고, 1903년에는 A. 타방이 수 시간 전, 때로는 며칠 전에 번개를 예보하기에까지 이르렀다(그림 5-1).

기상과 전파의 뗄 수 없는 관계는 여기에서 비롯되었다.

2. 하늘의 미아, 공전

통신과 공전

마르코니도 실험 중에 번개로부터 오는 전파를 여러 번 수신했다. 코히러의 감도를 높이려고 하면 아무리 해도 뇌전파를 수신하게 되고 마는 것이었다. 이것은 그에게 있어서는 중대한 문제였다. 단속적인 모스부호를 사용하는 통신 시스템에 뇌전파에 의한 단속적인 방해신호가 섞여 들면 본래의 신호를 판독

할 수 없게 되고 만다.

 H. 잭슨은 군용통신의 입장에서 번개의 방해전파를 중시하고
여러 가지 측정을 하고 있었는데, 마침내 1902년에 그 결과를
정리해서 공표했다. 이제 번개는 단지 군용통신을 위해서뿐만
아니라 증대하는 상업통신의 전도에도 커다란 문제를 던져 주
게 되었다. 그리고 언제부터인지 모르게 사람들은 하늘로부터
수신되는 천연의 전파를 공전(空電)이나 하늘의 미아(迷兒)라고
부르게 되었다.

측정된 공전으로부터

 그런데 이 천연전파가 통신에 끼치는 영향의 중요성을 통감
한 마르코니 회사의 고문 W. 에크레스는 '그래! 이걸 하나 연
구해 보아야겠다' 하고 마음먹었다. 그리하여 모스의 단속되는
부호로 공전신호를 듣는 것이 아니라, 전화의 수화기로 신호를
들을 수 있는 장치를 가장 먼저 만들어 냈던 것이다(그림 5-2).

 그리하여 공전 측정의 자료가 수집된 1911년에 에크레스와
G. 에어리는 두 지점에서 동일한 이 '공전'을 관측하고, 그 측
정 지점의 간격이 수십~수백 킬로미터나 떨어져 있더라도 '동
일한 공전'을 60~80%의 확률로 듣게 된다는 사실을 알아챘다.
공전은 결코 국지적인 것이 아니라고 그는 직감했다. 그래서
공전을 분류해 보기로 하고 다음과 같은 사실을 규명해 냈다.
여름에는 국지적인 것, 즉 번개에 기인하는 것이 많고, 겨울에
는 전역적인 것이 많다. 번개 이외에도 전파를 내는 것이 있었
던 것이다.

 에크레스는 측정을 계속했다. 그리하여 1912년에는 이 전역

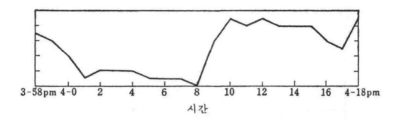

〈그림 5-2〉일몰 때 공전의 종합 강도 변화(에크레스, 1911년 12월 9일)[42]

적인 잡파잡음이 일출 직전과 일몰 직후에 강하게 들린다는 것
을 발견했다. 그는 그 원인의 해답을 전 지구적인 현상에서 찾
기로 하고 당시에 예측되고 있던 케넬리-헤비사이드 층의 일변
화에서 그 이유를 생각하기로 했다.

3. 자연의 휘파람, 휘슬러

적의 책략일까?

제1차 세계대전이 한창이던 독일에서의 이야기다. 적 전화
회선의 도청을 임무로 하던 사람들에게서 문제가 제기되었다.
전화기를 귀에 대면 휘파람을 불고 있는 것 같은 '휙휙' 하는
소리가 들려왔다고 한다. 이 때문에 도무지 통화 내용을 도청
하기 힘들다는 것이다. 무슨 방법이 없었을까? 어쩌면 적의 도청
방해 작전일지도 몰랐다.

곧 잡음(雜音)에 관해서는 당시 세계 최고의 권위자로 꼽히던
G. 바르크하우젠 교수를 책임자로 하는 조사반이 구성되어 연
구를 시작했다. 그리하여 조사가 진행되는 동안에 뜻밖의 일을

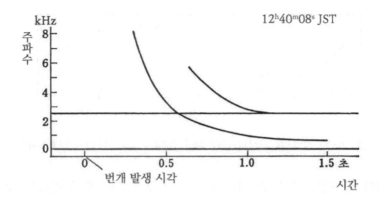

〈그림 5-3〉 휘슬러의 스펙트럼 변화(1969년 1월 18일 POGO 위성)[39]: 시간과
더불어 스펙트럼의 중심은 낮은 주파수 쪽으로 이동하므로 귀에
는 '휙휙' 하고 들린다

알아내게 되었다.

1880년대 오스트리아의 문헌에 따르면 이미 그때 전화의 음
성에 섞여 기묘한 소리가 들린다는 사실이 보고되어 있었다.
또 1887년에는 같은 일이 미국에서도 보고되고 있었다. 1880
년대라면 전파통신이 시작되기 전의 시대다. 이 휘파람 같은
잡음은 인공적인 것이 아니다. 바르크하우젠은 그렇게 결론을
지었다. 천연적인 것이라면 도대체 그것은 무엇일까? 전파현상
이라면 음성주파수 정도의 지극히 파장이 긴 장파, 즉 장장파
(長長波)를 조사해 볼 필요가 있었다. 그러나 그와 같은 전파를
어떻게 생각해야 할까? 이것은 단기간에는 해결될 수 없는 문
제였다(그림 5-3).

이 휘파람 같은 잡음, 즉 휘슬러(Whistler)에 대한 관심은 제
1차 세계대전 후 수그러졌지만 마르코니 회사의 T. 에커즈레이

만은 달랐다. 그는 1928년 고심 끝에 휘슬러와 태양흑점 사이
에 어떤 관계가 있는 것 같다고 생각했고, 또 1931년에는 다
음과 같이도 말했다.

"아무래도 이 휘슬러의 원인은 지극히 먼 데서 일어나는 번개방
전에 의한 것 같다. 남반구에서 번개가 많이 발생할 때, 북반구에서
이 휘슬러가 관측된다. 장장파의 파장에 관해서 지구 상층부가 무엇
인가 특별한 작용을 하고 있는 것이 틀림없다. 지구자기장이 존재하
는 전리층 속에서 장장파는 단파 등과 달리 완전히 엉뚱한 행동을
하고 있는 것 같다."

자기권으로부터의 사자

그렇다면 어째서 남반구에서의 일이 북반구에까지 관계하게
될까? 휘슬러의 원인을 캐내는 것은 어려워 보였다. 그러나
1953년에 당시 케임브리지대학의 학생이던 L. 스트레이에 의
해서 단번에 해결되고 말았다.

스트레이는 에커즈레이의 예측에서 한 걸음 더 나아가 그것
을 실증했다. 그의 설명은 이러했다. 남반구의 번개로부터 발생
한 뇌전파 중 주파수가 지극히 낮은 것이 전리층을 관통해서
그 위의 공간, 즉 지구자기장의 세력이 미치는 지구자기권으로
들어간다. 거기서 자력선을 따라가며 전파해서 한번 지구로부
터 떨어져 나갔던 전파가 다시 지구로 되돌아와 마침내 북반구
의 지상에도 달한다. '획획' 하는 소리는 뇌전파 자체가 아니
라, 자기권의 성질에 의해서 바로 뇌전파가 변형된 것일 따름
이다(그림 5-4).

그가 발표한 이 결과에는 큰 반응이 있었다. 당시 어떻게 해

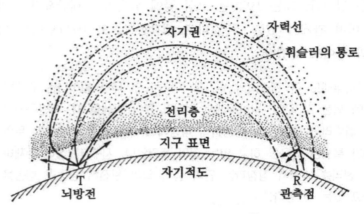

〈그림 5-4〉 휘슬러의 통로[39]

서든지 전리층의 위쪽에 있는 공간을 조사하려고 기를 쓰고 있던 지구물리학자들이 신이 나서 이것에 달라붙었다. '이것이라면 가능하다!' 휘슬러를 이용한 대규모의 자기권 관측 체제가 만들어졌고, 이 관측은 로켓 기술과 인공위성에 의한 자기권의 직접 관측이 가능해지는 시대까지 그 위력을 발휘하게 되었던 것이다.

4. 우주로부터의 전파

공전대책

1920년대 후반의 무선통신에서는 단파에 의한 해외 서비스에 중점을 두고 있었다.

대학을 나오면서 바로 벨 전화회사에 입사한 K. 잰스키는 상

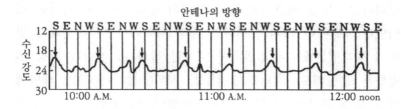

〈그림 5-5〉 우주전파잡음(잰스키, 1932년 2월 24일)[24]: 안테나가 20분에 1회전 하므로 20분마다 우주전파를 측정한 파형이 나와 있다

사로부터 공전을 조사해 보는 것이 어떻겠느냐는 권고를 받았다. 공전은 해외통신을 방해하는 잡음의 원인으로 바람직하지 못하다. 만약 공전이 자주 발생하는 방향을 안다면, 그 방향을 피해서 해외통신용 전파 회선을 설치하여 통신에 대한 공전의 영향을 경감할 수 있게 되는 셈이다(그림 5-5).

그는 회전대 위에서 뱅글뱅글 돌아가는 회전안테나를 만들고, 파장 약 4,000m에서부터 십수 미터 사이의 여러 가지 공전의 강도와 그것의 도래 방향을 관측하기 시작했다. 그리고 이 관측 결과는 1932년부터 1935년까지에 걸쳐서 발표되었다.

문제가 된 것은 파장 14.6m에서의 관측 결과였다. 관측된 전파잡음에는 가까운 번개에서 기인하는 것, 먼 곳의 번개에서 발생해서 전리층에서 반사되어 전파해 오는 것 말고도, 나중에 전파천문학(電波天文學)의 발생을 촉진하게 되는 히스테리시스형이라는 미약하지만 정상적인 미지의 전파잡음이 있었다.

우주로부터의 사자

이 기묘한 전파의 도래 방향은 아침에서 저녁으로 완만하게 변화하고, 약 24시간이면 다시 본래의 방향으로 되돌아가는 것이었다. 그는 이 미지의 전파와 태양 사이에는 어떤 관계가 있다고 생각했는데, 더 정밀하게 조사한 결과 이 전파가 가장 센 방향은 놀랍게도 적경(赤經) 18시, 적위(赤緯) -10도의 태양계 바깥 우주 공간에 있다는 것을 규명했다. 이 방향은 거의 은하의 중심 방향이다. 또 전파의 도래 방향의 변화의 주기도 정확하게 측정해 보니 24시간이 아니고 23시간 56분, 즉 천구가 한 바퀴 회전하는 시간과 일치했다.

우주로부터 지상으로 전파가 오고 있었다. 그렇다면 도대체 전파원(電波源)은 무엇일까? 별인가, 아니면 성간물질(星間物質)인가? 잰스키는 궁리를 거듭해 갔다. 만약 별이라고 생각한다면 우리의 태양으로부터도 전파가 오고 있어야 한다. 다행인지 불행인지 그가 측정한 시기는 때마침 태양 활동이 잠잠하던 때여서 태양으로부터의 전파는 그 기간에 관측됐던 그의 측정 결과에서는 발견할 수 없었다(그림 5-6).

태양은 최고온의 가스체다. 당연히 거기서 전파가 나오고 있어도 이상할 것이 없다. 로지는 1994년에 태양에서 오는 전파를 수신해 보려고 생각했었다. 1897년에 그는 자철석(磁鐵石)을 다량으로 함유하고 있는 산을 두 겹으로 전선으로 둘러치고, 그 단자에 그가 만든 전파검출기를 장치했다. 그러나 바늘은 흔들리지 않았고 벨도 울리지 않았다. 1902년에 노르드만은 몽블랑산에 올라가 길이 175m의 대공중선을 가설했으나 이것으로도 태양전파를 포착하는 데는 실패했다. 태양에서 온 전파는 그들의 관측으로는 측정할 수 없는 미터파나, 센티미터파였던 것이다.

〈그림 5-6〉비버레이지형 그리스창살(격자) 배열(식)안테나와 K. 잰스키(1932
년)[24]: 그는 이 안테나로 우주전파를 포착했다

태양에서 온 전파를 의식한 것은 J. 헤이 그룹이었다. 그들은
1942년에 영국의 레이더 부대에서 활약하고 있을 때 4m파와
6m파에서 이상한 방해전파를 수신했다. 그때 그 전파원의 방
향에는 태양이 있었다. 그리고 태양의 이동과 함께 방해전파원
도 서쪽으로 옮겨 갔던 것이다.

그들이 태양으로부터 수신한 미터파는 태양 표면의 폭발에
인한 이상현상에 기인한 것으로 정상적인 태양전파가 아니었
다. 이 정상적인 전파를 3㎝파와 10㎝파로 관측한 것은 1942
년의 G. 사우스워스이다. 그는 태양을 절대온도 6,000도인 흑
체(黑體)*의 열복사체일 것이라고 생각하고, 아마 센티미터파의
전파도 거기서 나오고 있을 것이라고 겨냥하여 관측하였다.

그런데 1936년에 일본의 아라카와는 단파통신을 관측하다가

* 편집자 주: 모든 복사선을 완전히 흡수하는 물체

이른바 델린저(Dellinger) 현상에 부딪쳤다. 이때 이상한 전파를 관측했던 것이다. 그는 이 전파가 태양에 기인한 전리층의 변화에 의해서 방출된 것이라고 예측하고 있었다. 1939년에는 역시 일본의 나카가미와 미야가 마찬가지 현상을 관측했다. 이제 태양전파를 확인할 수 있게 되었다고 기대되는 단계에 이르렀을 때, 때마침 2차 세계대전이 일어나 연구자들에게 있어서는 가장 불행한 시대를 맞이할 수밖에 없게 되었다.

그런데 잰스키의 대발견은 당시 미국의 G. 리버를 제외한 다른 사람들에게서는 전혀 주의를 끌지 못했다. 전파통신에 종사하는 사람들에게도 또 귀찮은 전파잡음이 발견됐다는 것 정도로밖에는 생각되지 않았다. 그러나 제2차 세계대전 후 전파천문학이 급속히 발달하고 천문학은 엄청난 시대로 접어들게 된다.

5. 전파장애

전파의 스모그

전파의 이용에 거는 인류의 꿈은 그칠 줄을 모른다. 라디오니 텔레비전 방송, 일반통신, 우주통신은 말할 것도 없고 교통이나 항법(航法), 계측과 탐사, 공업용 가열 장치, 의료, 심지어는 잡초나 해충을 구제하는 농업 목적 등 전파의 이용에는 끝이 없다.

인류가 전파를 사용하면 할수록 불필요한 전파도 많이 발생하고 있다. 우리는 전파의 스모그(Smog)라고도 할 만한 불필요한 인공전파가 범람하는 가운데서 생활하고 있는 것이다.

바람직하지 못한 전파

불필요한 전파는 우리에게 어떤 피해를 주고 있을까? 그것은 전파의 인공잡음이 되어 우리 주변에서는 텔레비전의 화질이나 라디오의 음질을 저하시키고 있다. 일반통신에 있어서도 그것의 질적 저하를 피할 수 없으며 신뢰성이라는 관점에서 중대한 문제로 등장한다.

불필요한 전파가 계산기에 혼입했을 때에는 전자계산기가 잘못 동작해서 공장이나 자동제어 등이 원활하게 돌아가지 않는 경우도 있을 것이다. 공학의 정수를 결집했다는 일본의 신칸센(新幹線)의 ATC(자동열차제어장치)의 오동작 등에서 원인 불명인 것은 어떠한 인공 전파잡음에 의한 것이 아닐까? 항공기의 운항에서도 전파 기기는 빼놓을 수 없다. 항행 원조 장치가 오동작 등을 일으킬 경우 자칫 잘못하면 사회생활에까지 큰 영향을 끼치게 될지 모른다.

인공 전파잡음, 방해전파 등은 전자 기기의 적이다. 인공전파는 올바르게 이용되어야 한다. 그렇다면 어떤 데서부터 인공전파잡음이 나오고 있을까?

가까운 예로는 전자 기기의 조정 불량이 있다. 낡은 수신기나 비디오(Video) 기기, 그리고 조정 불량인 아마추어 무선이나 CB(Citizen Band) 송신기, 이것들은 주기적인 방해전파를 내어 다른 통신 기기나 텔레비전에 나쁜 영향을 끼치는 경우가 있다.

주기적이지 않고 불규칙한 방해전파도 있다. 자동차나 스노보트(Snow-Boat) 등의 내연기관의 불꽃은 초단파잡음을 발생시킨다. 변전소 등의 장치에는 장파의 방해전파를 내기 쉬운 것도 있다고 한다.

그러나 뭐니 뭐니 해도 시민 생활에 직접 관계가 있는 전파 장애는 텔레비전 화면의 다중상(多重像), 이른바 고스트(Ghost Image)일 것이다. 이것의 원인은 텔레비전의 수신 안테나에 직접 도래하는 방송전파 외에, 엉뚱한 방향으로부터 간접적으로 도래하는 불필요한 다중반사 방송전파가 일으키는 현상이다. 그 다중반사의 원인이 되는 것은 고층빌딩, 송전 철탑, 다리, 열차, 고속도로와 골프 연습장에 둘러친 쇠그물 등등 헤아리자면 수없이 많다.

이상에서 제시했듯이 전파환경 문제는 전파의 새로운 문제점으로 부각되고 있다. 기술자는 그저 단순하게 물건을 만든다는 생각을 버리고, 양심으로 되돌아가서 물건을 만드는 자세로 대처해 가야 할 문제일 것이다.

6. 전파와 생체

물리요법

전파는 인체에 어떤 생체효과(生體效果)를 미칠까? 전파의 일종인 X선이 1895년에 발견됐을 때, 불과 6개월도 채 못 가서 X선을 다루는 기술자의 몸에 각종 이상이 보고되었다. X선은 의학에는 빼놓을 수 없는 동시에 인체에 위험한 것이었다. 이 양날의 칼과 같은 X선을 올바르게 사용하기 위한 안전 규칙이 제1차 세계대전 후에 마련된 것은 말할 것도 없다.

그런데 전파의 경우는 어떨까? N. 테슬라는 전파 연구를 하기 전인 1890년에 인체에 고주파 전류를 흘려 보내면, 조직이

가열되어 모세혈관의 혈액순환이 좋아질 것이 틀림없을 것이라
고 예측하고 의료 분야로의 응용을 생각하고 있었다. 그리고
프랑스의 J. 다르손발은 테슬라의 예측을 확인한 다음 물리요법
을 시작했던 것이다. 이후 장파요법, 단파요법 등으로 그 범위
가 확대되어 갔다.

　전파기술자들 사이에서도 X선의 경우와는 달리 생명에 관계
될 만한 이렇다 할 사고는 일어나지 않았다. 유럽 각지에서의
전파 실험에서도 생체효과는 찾아 볼 수 없었다. 인체가 전파
의 영향을 받는 것은 꽤 특수한 경우일 것이라고 생각되고 있
었다.

마이크로파 장애

　그러나 제2차 세계대전 직후부터 레이더 기술이 발달해서 미
국에서는 강력한 마이크로파의 전파기술에 종사하는 사람들이
늘어났다. 그런 사람들 사이에서 이상한 소문이 번졌다. 군에서
일하는 레이더 종사자들 사이에는 안구에 통증을 느끼거나 머
리가 벗겨지는 일이 있다는 것이었다. 또 레이더 제조회사의
기술자들 사이에서는 현기증, 의욕 감퇴, 시력 약화, 나아가서
는 아기를 낳으면 딸이 많다는 등등의 소문이 돌았다.

　당시의 조사로는 이런 소문을 뒷받침할 만한 것은 전혀 발견
되지 않았으나 군 관계자들에게는 큰 충격이었다. 즉시 위원회
가 조직되어 마이크로파가 생체에 미치는 효과에 대한 조사,
연구에 착수했다.

　전자레인지는 2차 세계대전의 레이더 기술의 부산물로서,
1945년에 미국의 P. 스펜서가 고안한 것이다. 장파나 중파와

158

〈그림 5-7〉 2차 세계대전 중에 벨 연구소에서 만둘어진 '마크 8' 포리로드 페이스도어 레이더[28]

는 달리 마이크로파에서는 가열작용이 두드러진다. 이 사실로 알 수 있듯이 마이크로파의 생체효과는 가열작용이 문제일 것으로 생각되었다(그림 5-7).

인체에서 가열효과가 두드러지는 부위는 혈관이고, 혈액 이동에 의한 냉각효과가 적은 부분이 문제다. 그래서 안구와 고환이 연구 대상이 되었다. 그리고 그 결과 지극히 강력한 마이크로파를 쬐는 데 따라서는 눈에서는 흑내장이나 백내장이, 고환에서는 퇴행(退行)현상이 일어나는 경우가 있다는 것이 동물실험으로 확인되었던 것이다. 그리고 많은 실험으로부터 인체의 경우, 마이크로파의 열효과의 안전기준으로서, 미국에서는 $10mW/cm^3$ 이하라는 값이 규정되었다. 일본에서는 $5mW/cm^3$ 이하로 규정되어 있다.

그런데 마이크로파의 비열(非熱)효과라는 것도 생각할 수 있다. 열효과를 일으키지 않는 미약한 마이크로파나 펄스 상태의 마이크로파가 신경계통의 전기작용이나 화학작용에 영향을 미치는가 어떤가를 조사하는 것이 그 과제다. 관계자는 신경중추나 조혈조직, 심지어는 유전자에 이르기까지 전파의 효과를 여러 가지 방법으로 조사하고 있다.

생체효과를 이용하여

마이크로파와 생체의 관계를 구체적으로 응용하는 방법을 생각하는 사람들도 있다. 그들은 공항의 활주로나 항공로에 떼를 지어 달려드는 조류에게서 비행기를 보호하기 위해 마이크로파를 이용하여 조류의 생리학을 연구하거나, 소나무에 있는 송충이에게 외부로부터 마이크로파를 쬐여서 사멸시키는 일 등을 연구하고 있다.

7. 핵폭발과 전파현상

핵폭발은 종합반응

대기권 내의 핵폭발은 이미 공해 같은 것으로 말할 수도 없는 것일뿐더러, 그 효과는 표현조차 할 수 없을 만큼 크다.

핵폭발은 원리적으로는 핵반응이지만 지상에서 일어나는 이상 여러 가지 현상이 동시에 발생해서 상호 영향을 끼쳐 가는 종합반응이다.

태양에서는 늘 핵반응이 일어나고 있으므로 태양 표면 가스체의 일부를 지상으로 옮겨 왔다고도 생각할 수 있다. 또 수백 개의 번개가 한꺼번에 떨어진 상태를 상상해 보아도 될 것이다. 그러나 어쨌든 간에 핵폭발과 전파현상 사이에는 어떠한

160

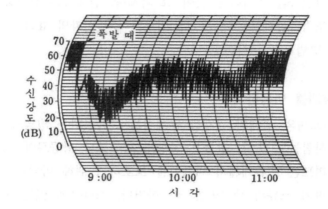

〈그림 5-8〉 샌프란시스코 회선의 일본 히라이소에서의 수신 강도(다케
노시타, 1962년 7월 9일)[46]: 핵폭발과 동시에 급격한 레벨
변동이 일어난다

관계가 있다는 것을 엿볼 수 있다.

핵폭발은 순간적으로 고온, 고열의 거대한 불덩어리, 즉 전리
된 전기의 구름을 만들기 때문에 처음 수천분의 1초 사이에는
순간적이기는 하지만 어쨌든 강력한 전파가 발생한다. 전파의
지속시간은 지극히 짧다고는 하나, 그 크기는 통상적인 것과는
크게 다르다. 폭심(爆心) 부근의 통신시설에는 대형 번개가 떨어
졌을 때와 같은 전기효과를 미친다고 한다. 이 순간적인 전파
가 자기권으로 상승해서 휘슬러 공전을 일으키는 경우도 있다
고 한다(그림 5-8).

직접적으로 발생하는 순간적인 전파와는 따로 전파(電波)현상
에 미치는 간접적인 효과도 크다. 폭발 시에 방출되는 대량의
자외선, X선은 주변의 대기를 강하게 전리시킨다. 그래서 공전
이나 단파통신의 전파는 이 전리된 공간에서 흡수되어 수신 강

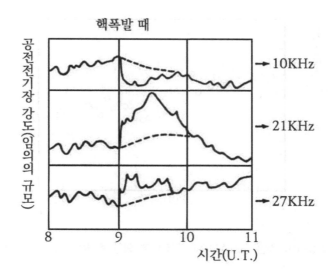

핵폭발 때

공전전기장 강도(임의의 규모)

→10KHz

→21KHz

→27KHz

8   9   10   11

시간(U.T.)

〈그림 5-9〉 초고공(超高空)의 원자핵폭발에 의한 공전전계 강도의 이상
변화(1962년 7월 9일)[48]: 점선처럼 되어야 할 곳이 핵폭발의
영향을 받아 실선과 같이 변동하고 있다

도가 두드러지게 떨어진다.

버섯구름이 상승하면

한편 고온, 고열의 가스체는 자기 자신의 열로 인해 대기 상
공을 향해 시속 150~200㎞로 상승해서 약 30분쯤이면 전리층
에 도달한다. 이때 전리층은 극도의 교란 상태가 되어 자기풍
때와 같은 현상을 받게 된다. 그 부근의 전리층을 이용하는 단
파통신은 본격적으로 두절되고 만다.

뿐만 아니라 그 효과가 너무나도 크기 때문에 지구와 전리층
사이 공간에 있는 전파의 공진주파수, 이른바 슈만(Schumann)

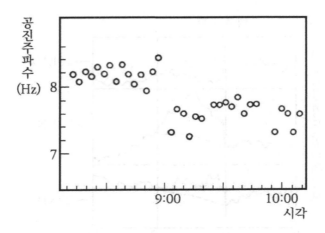

〈그림 5-10〉 슈만 공진주파수의 핵폭발에 의한 변화(1962년 7월 9일)[46]

공진이라 불리는 것까지도 변화시켜 버리는 것이다(〈그림 5-9〉, 〈그림 5-10〉 참조).

또 마침내는 뜨거운 구름의 효과를 전리층보다 위쪽의 자기권에까지 미치게 되면, 지자기까지도 변동시키고 만다.

핵폭발의 영향은 전 지구적이라고 해도 지나친 말이 아니다. 이들 핵폭발에 수반되는 전파현상은 수 시간에서 며칠 사이에는 원상으로 복귀하지만, 지구의 환경마저도 바꿔 버릴 만큼 엄청난 것이다. 핵폭발을 올바르게 이용한다는 말 같은 것은 지구상에서는 좀처럼 생각할 수조차 없을 것 같다.

6장 전파통신의 용도와 안테나

여러 가지 주파수를 이용하는 이야기

1. 장파안테나의 기술

장파 시대

마르코니는 전파를 이용해서 대서양 횡단통신에 성공했다. 장파의 유효성은 이제 의심할 여지가 없었다. 1906년에 베를린에서 개최된 국제무선회의에서는 500~1,000kHz의 주파수를 선박용으로, 188~500kHz의 주파수를 군용통신용으로, 188kHz 이하의 주파수를 장거리통신용으로 각각 할당했다. 회의의 취지는 각국에도 반영되어 최초의 대서양 횡단 실용 통신 회선이 1907년 마르코니 회사에 의해 82kHz의 주파수로 캐나다와 아일랜드 사이에 개설되었다.

그 후 1차 세계대전 때까지 네덜란드는 자바, 프랑스는 인도차이나, 독일은 미국과의 통신을 목적으로 한 회선을 개설하여 장파통신의 전성시대를 맞이하게 되었다.

오스틴이 전파 실험을 한 이후로는 장거리통신에서 장파의 이용은 확정적인 것이 되었고, 중파는 지역적인 통신에서 이용하는 등으로 정착되었다. 각국에서는 장장파(長長波)통신이야말로 시대의 첨단을 가는 것이라고 생각하여 1914년에는 30kHz(파장 10km)의 통신이 실용화되었고, 제1차 세계대전 후에는 놀랍게도 13kHz(파장 230km)의 전파통신이 실용화되기에 이르렀다 (그림 6-1).

톱 로딩

이와 같은 장파통신을 지탱하는 안테나기술을 위한 노력은 이만저만이 아니었다. 이 시대의 안테나 크기는 사용 전파의

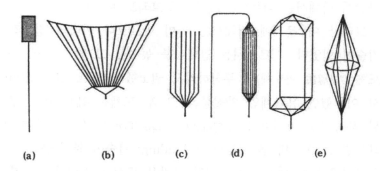

〈그림 6-1〉 각종 안테나[4, 7]: 마르코니의 톱 로드(a), 마르코니의 팬(b), F. 브라운의 다선조(c), 스라비의 원기둥(d), 피커드의 광주리(e)

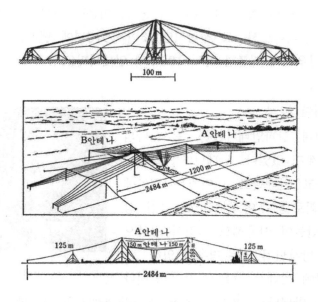

〈그림 6-2〉 나우엔의 대형 안테나: 1910년의 우산 모양 안 테나(상)[6]와 1920년의 플랫 톱 안테나(하)[41]

166

파장에 비해서는 너무나 작았고 그 효과도 나빴다.

그러나 이 문제에 대해서는 이미 마르코니 이래의 경험적인 기술이 있었다. 마르코니는 안테나를 높여서 그 앞쪽 끝에 용량도체(容量導體, 용량체)를 부착하라고 권고했다. 당초 그의 실험에서 이용했던 용량체인 양철통은 그 후 도체군(導體群)으로 구성된 용량체로 바뀌어서 농형(籠型, Cage Type) 구조의 안테나나 하프형 등 이른바 톱 로딩(Top Loading) 기술이 확립되었다.

그리고 1907년에 마르코니가 수많은 도선을 안테나 위로부터 대지를 향해 평행으로 친, 플랫 톱(Flat Top)이라는 구조를 실용화하고 나서부터는 톱 로딩의 유효성을 이해하게 되었다. 이런 사고방식을 한 걸음 더 발전시킨 것이 이른바 우산형(Umbrella Type) 안테나로서, 그 전형적인 것이 1910년에 텔레푼켄사(社)에서 나우엔에 건조한 높이 100m의 안테나다(그림 6-2).

멀티플 튜닝

그런데 장파안테나에는 또 하나의 큰 문제가 있었다. 안테나에 톱 로딩을 하고 안테나로 이어지는 회로에 공진 회로를 두어 안테나를 공진 상태로 만들어 사용해도 전력이 공중으로 잘 방사되지 않는 경우가 있다.

E. F. W. 알렉산데르슨

파장에 비해서 작은 크기의 안테나에서는 안테나로부터 방사하는 전파량(電波量)을 가늠할 복사저항이 극히 낮은 값이 된다. 그와 같은 경우에는 안테나에 들어간 전력의 극히 일부가 대기 속으로 복사될 뿐이고 나머지 대

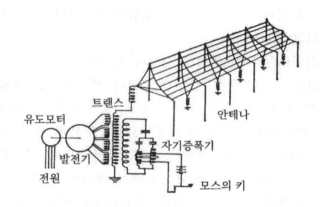

유도모터

트랜스

안테나

발전기

자기증폭기

전원

혼

모스의 키

〈그림 6-3〉 멀티플 튜닝을 한 안테나계(알렉산데르슨, 1917년)[41]

부분의 전력은 안테나와 대지를 가열하는 데에 사용되고 만다. 안테나나 대지는 손실이 전혀 없는 도체가 아니기 때문에 절연기와 마찬가지의 효과가 일어나 버리는 것이다. 그래서 장파안테나에서는 안테나에 넣어 준 전력의 몇 할이 대기 속으로 복사되는지 가늠할 수 있는 복사효율(輻射效率)이라는 것을 고려해야 한다.

이 복사효율을 증가시키는 한 가지 방법이 1916년에 F. 알렉산데르슨이 고안한 멀티플 튜닝(Multiple Tuning, 다중동조)법이다. 이 방법은 안테나의 톱 로드(Top Load)로부터 몇 개의 도체를 내려뜨려 그 하단에 코일을 넣은 뒤에 어스하는 지극히 간단한 방법이다. 그리고 이를 통해 안테나 저항이 증가할 뿐만 아니라 전류를 대지 위로 한데 묶어 흘려 보내지 않아도 되기 때문에, 대지에서의 전력 손실이 적어지고 복사효율이 증가

한다. 바로 일석이조의 수법이었던 것이다. 그는 다수의 주파수를 하나의 안테나로서 사용하는 방법을 연구하다가 이 수법을 알아냈다고 한다(그림 6-3).

알렉산데르슨의 이 방법에 재빨리 착안한 마르코니는 1917년에 그를 뉴저지주에 있는 마르코니 방송국으로 초빙해서 22kHz를 사용하고 있는 높이 120m, 길이 1.5㎞인 안테나의 개량을 부탁했다. 알렉산데르슨은 6개의 전선을 플랫 톱에서 대지로 내려뜨려서 복사저항을 0.07Ω에서 0.5Ω으로 올리고, 복사효율은 1.85%에서 단번에 14.7%로 개선해 놓았다.

또 1921년에 뉴욕주에 세워진 높이 120m, 지름 4㎞의 우산형 안테나에서는 멀티플 튜닝을 이용해서 15kHz의 주파수로 50%의 복사효율을 얻었다고 한다.

2. 해외통신과 지향성 안테나

지향성통신

초기 무선통신에서는 안테나로부터 방사되는 전파는 사방으로 고르게 나갔다. 선박 등과 같이 어디에 있을지도 모를 상대와의 통신은 이와 같은 전파의 방사 방법으로도 가능했다. 그러나 고정국(固定局)과 고정국 사이, 또는 위치가 명확한 이동국(移動局)과의 통신에서는 통신을 하고 싶은 그 방향을 향해서만 안테나로부터 전파가 나가 있으면 충분하다. 이와 같은 방향성 통신의 안테나의 특성을 지향성이라 부른다. 한편 지향성이 없는 안테나는 무지향성 또는 균일(均一)지향성 등으로 불린다.

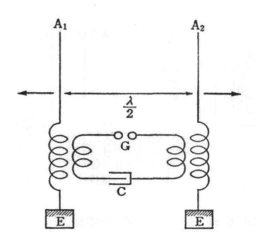

〈그림 6-4〉2소자 배열안테나(S. 브라운, 1898년)[5]

　지향성통신에서는 전파를 한 방향으로만 방사하므로 전력을
효율적으로 이용할 수 있을 뿐만 아니라 통신의 비밀성을 유지
할 수도 있다. 또 반대로 말하면 불필요한 전파를 불필요한 방
향으로 흩뿌리지 않기 때문에 무선국 간에 전파의 상호 간섭을
일으키기 어렵다는 이점도 있다. 또 지향성 안테나를 수신에
이용하면 전파가 오는 방향도 탐지할 수가 있다.

배열안테나

　지향성 안테나의 역사는 지극히 길다. 마르코니의 전파 실험
이 있고 2년 후인 1898년에는 이미 영국의 S. 브라운, 미국의
E. 톰슨이 2소자 배열(二素子配列)안테나를 제안하고 있었다(그림
6-4).

　이 배열안테나의 원리는 지향성이 없는 2개의 안테나를 반파

170

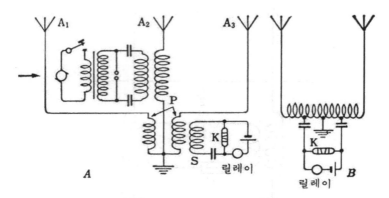

〈그림 6-5〉 2소자, 3소자 배열안테나(스토운, 1901년)[10]

장(半波長) 간격으로 배치하면 지향성이 나타난다는 것이다. 미국의 J. 스토운은 1901년에 3소자 배열 지향성 안테나를 제안했다(그림 6-5).

그러나 이들 배열안테나는 배치에 필요한 장소를 차지하므로 장파통신에는 부적합하며, 이것이 전성기를 맞이하게 된 것은 단파통신 시대가 되고 나서의 일이다.

역L형 안테나

F. 브라운도 지향성 안테나의 매력에 사로잡힌 사람이었다. 포물면은 평행광선(平行光線)을 한데 모으므로 이를 이용하면 지향성 안테나가 얻어질 것이라 생각하고 실험했으나 깨끗이 실패하고 말았다.

그럴 때에 문득, 파리 에펠탑 무전국의 하프형 안테나의 지향성이 균일하지 않게 되어 있다는 것에 생각이 미쳤다. 전파는 하프 방향으로 강하게 방사되고 있었던 것이다. 이 현상에

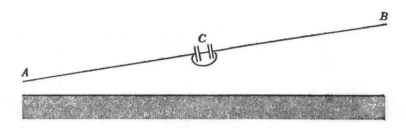

〈그림 6-6〉 경사안테나(F. 브라운, 1902년)[6]

대해서 궁리한 그는, 마침내 하프형 안테나의 경사진 도선에
지향성을 낳게 하는 결정적인 비밀이 숨겨져 있다고 직감하고
1902년에 경사형 안테나를 고안했다(그림 6-6). 그리하여 그가
노리던 지향성 안테나를 얻어 냈던 것이다.

한편 1905년에는 마르코니도 지향성 안테나로서 역L형 안테
나를 제안하고 그 지향성의 패턴을 제시했다(그림 6-7). 이 발
표는 사람들에게 놀라움을 안겨 주면서도 몹시 당혹하게 만들
었다. 왜냐하면 역L형 안테나는 그보다 1년 전인 1904년에
W. 더델과 J. 테일러에 의해서 보고되어 있었고, 그때 그들은
역L형 안테나에는 지향성이 없다고 말했기 때문이다. 이 상반
되는 두 가지 사실은 마침내 논쟁을 불러일으키게 되었다.

마르코니사의 고문 플레밍은 1906년에 직선형 안테나와 루
프형 안테나의 방사특성(放射特性)을 유추하여, 역L형 안테나에
는 지향성이 있어도 된다고 추론했다. 한편 1907년에 독일의
뷜러는 아무리 이론을 계산해 보아도 지향성 같은 것은 나타나
지 않는다고 했다. 한때는 혼란 상태에 빠졌던 이 논쟁도 마침
내 J. 체넥이 등장해서 올바른 결론이 내려졌다.

172

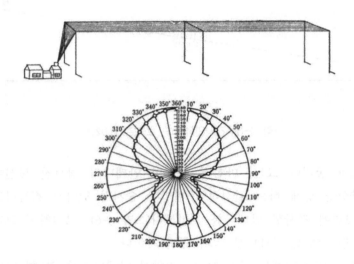

〈그림 6-7〉 역L형 플랫 톱 안테나와 그 지향성(마르코니, 1905년)[6]

이 역L형 안테나 자체에는 지향성을 낮게 하는 능력이 아무것도 없다. 그러나 안테나가 설치된 대지에는 도전성이 있다. 그러므로 이 대지의 도전성이 적당할 때에 안테나 도선의 수평 부분에서 도래 전파가 대지와 결합해서 발생한, 대지에 평행한 전파의 성분을 수신해서 지향성이 나온다는 것이다.

마르코니사에서는 맨 처음의 지향성 측정 결과에 자신감을 얻어 이미 각지에 이 역L형 안테나를 세우고 있었으며, 1908년에는 대서양 횡단 회선에 이용할 정도였다. 그러나 자세히 살펴보면 나중에 세워진 안테나의 지향성은 제각기 모두 다르게 되어 있었다. 사람들은 결국 체넥의 결론을 믿게 되었다.

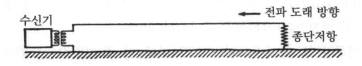

〈그림 6-8〉 파동안테나(비버레이지, 1923년)[52]

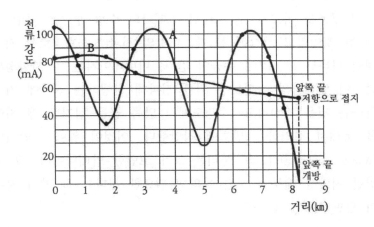

〈그림 6-9〉 파장이 7.5㎞인 파의 파동안테나의 수평도체 위의 전류
분포(비버레이지, 1923년)[43]: 수평도체 앞쪽 끝을 접지하지
않고 기다란 역L형 안테나로 하면 진동하는 이른바 정상
적인 파동이 관찰되지만(A), 앞쪽 끝을 600Ω의 저항을
통해서 접지하면 정상적인 파동은 나타나지 않는다(B)

웨이브 안테나

장파안테나는 그 파장의 길이 때문에 공중에 높이 칠 수가
없다. 그래서 안테나의 도체선을 대지와 평행으로 치고, 그 앞
쪽 끝을 어스한 구조의 이른바 접지안테나가 제안되었다. 일찍

이 마르코니와 F. 브라운도 이런 안테나를 의식하고 있었는데, 1911~1912년 L. 첸더, F. 카이비츠, W. 번스타인 등의 연구로 이 접지안테나의 성질이 밝혀져 있었다.

미국의 H. 비버레이지는 1923년에 이 접지안테나를 연구하던 중 대지와 평행하는 도선 부분을 무려 9.6㎞의 길이까지 늘여서 실험해 보고, 이 안테나에는 평행도선의 방향으로 지향성이 있다는 것을 우연히 발견했던 것이다(그림 6-8).

이 구조를 마르코니의 역L형 안테나의 수평 부분을 아주 길게 한 것이라고 생각해 볼 때, 대지의 전파(電波)효과로서 지향성이 나타난다는 것에 수긍이 간다. 비버레이지는 이 지향성의 본질이 안테나의 수평도선 위를 전파해 진행하는 전파에 기인한다는 것을 간파하고, 수평도체의 앞쪽 끝을 접지할 때 저항을 통해서 접지하는 방법에 착안했다. 이것이 웨이브 안테나(Wave Antenna)라고도 불리는 그가 고안한 안테나이며, 그 예민한 지향성 때문에 공전 등의 불필요한 전파를 잘 받지 않아서 평판이 되었다(그림 6-9).

어골형 안테나, 마름모꼴 안테나

이 웨이브 안테나에서는 대지의 전파손실을 이용하기 때문에 설치되는 장소에 따라서 그 특성이 달라지게 된다. 특히 해안의 모래 지대나 암석 지대에서는 그 효율이 지극히 나빴다.

그래서 대지의 영향을 그리 받지 않으면서도 대지의 전파효과와 같은 효과

E. H. 브루스

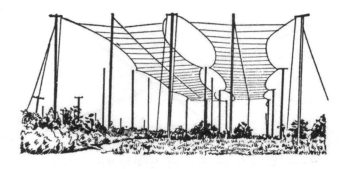

〈그림 6-10〉 어골형 안테나(피터슨, 1931년)[41]: 중앙의 평행2선에 정
전적으로 결합한 직선 모양의 안테나열을 만든다

를 안테나 자체에 지니게 한 구조가 1931년 단파 시대에 통신
용으로 제안되었다. 이것이 미국의 H. 피터슨이 발명한 어골(魚
骨)형 안테나(Fishbone Antenna)이다(그림 6-10).

한편 비버레이지의 안테나의 지향성에 착안한 미국의 E. 브루
스는 단파통신안테나의 걸작품이라고 할 마름모꼴(능형) 안테나
(Rhombic Anteima)를 1931년에 발명하였다.

이 마름모꼴 안테나의 특허권은 일본에 대해서도 청구되었
다. 그러나 일본에서는 1932년에 발명되어 있던 후지요시의
경사(傾斜)V형 안테나를 방패로 삼아 가까스로 이 안테나의 특
허권 상륙을 막았다고 하는데, 물론 후지요시의 것보다 브루스
의 것이 특성이 우수하다는 것은 말할 것도 없다.

비버레이지, 피터슨, 브루스의 안테나는 진행파(進行波)안테나
(Traveling Wave Antenna)라는 이름으로 불리고 있다. 현재는
일반 해외통신은 우주위성통신으로 옮겨지고 있는 상태다. 그
러나 해외로 보내는 단파방송용이나 저개발국과의 일반통신용

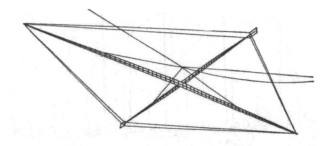

〈그림 6-11〉 마름모꼴 안테나(브루스, 1931년)[41]

으로는 아직도 마름모꼴 안테나가 이용되고 있다(그림 6-11).

3. 선박통신, 항공기통신

선박과 통신

당초 무선전신의 이용을 가장 희망한 것은 선박통신이었다. 해상에 있는 배는 우선 제쳐 두더라도 정박 중인 선박과의 연락에조차 불편을 느끼고 있던 시대였다. 송수신기가 경량화되고, 통신 가능 거리가 150㎞ 가까이에 이르게 되자 각국의 선박회사는 마르코니식 장치를 이용하기 시작하였다.

1900년에 독일의 로이드 회사에서는 빌헬름대왕호에, 벨기에에서는 클레멘타인공주호에 각각 무선 장치가 설치되어 해상과 육상 사이의 통신이 시작되었다. 해상과 해상 사이에서는 1901년 영국 큐너드 회사의 리카니어호가 125㎞ 거리에 있는 캄패니어호와 통신을 했다. 그 내용은 주로 짙은 안개, 빙산에 관한 정보교환이었다.

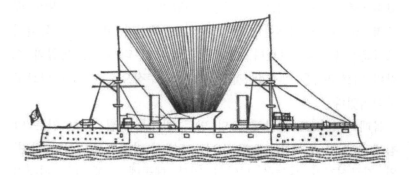

〈그림 6-12〉 이탈리아 해군 카루로 암베르트호의 하프 안테나(1902년)[6]

선박용 안테나로서는 하프형(그림 6-12), 역L형, T형 등이 사용되었다.

동해해전

해군에서는 상선(商船) 이상으로 통신의 역할이 중요하다. 각국의 해군에서는 여러 가지로 개발되는 통신기 중에서 어떤 기종을 채용할지 생각하거나, 또는 자주적으로 개발하면서 암중모색을 하고 있었다. 그러던 참에 때마침 러일전쟁이 일어나 러시아의 발트 함대가 1905년 동해로 향했다. 신문의 기삿거리로는 이 이상 더 바랄 것이 없는 특종이다. 각국의 통신 관계자들이 갑자기 활기를 띠게 된 것도 무리가 아니었다. 자기 나라 장치로 다른 나라의 장치와 겨루어 볼 수 있는 절호의 기회가 온 것이다. 당시의 핵심 기술들이 동양에 집결했다. L. 디포리스트는 그가 발명한 전해검파형 수신기를 가진 두 사람을 파견했고, 런던타임스는 디포리스트식을, 영국 해군은 브랑리형 코히러를 채택한 마르코니식을, 이탈리아 해군은 이탈리아 해군형 코히러를 채택한 마르코니식을, 독일과 프랑스는 독일의 브라운식을 각각 보냈다. 그리고 당사국인 러시아는 독일의 스라비-아르코식을 개량한 것, 일본은 자주적으로 개발한 마르코니식이었다.

몰래 일본으로 접근해 오던 발트 함대는 5월 27일 이른 아침에 일본의 초계함(哨戒艦) 시나노호에게 발견되고, '적함 발견'의 긴급신호가 하늘을 날아서 일본 해군에 전해졌다. 이것이 일본 해군에게 요격 태세를 갖추게 함으로써 승리를 거두는 원인이 되었다.

그 직전, 동중국해에서도 전파가 어지러이 날아다니고 있었다. 러시아 함대가 디포리스트식을 실은 선박을 발견하고 즉각 이 배에 발포하려 했다. 그때 그 선박이 해안 무선국으로 무전을 보내 영국 해군의 출동을 요청했다. 이때 발트 함대는 영국 군함의 출동 태세를 도청하였으나, 본래의 목적이 중요하지 이런 일에 관련할 필요는 없다며 그대로 버려둔 채 동해를 향했던 것이다.

해난과 통신

해난(海難)에 있어서의 무전의 역할도 크다. 1909년에 영국의 리퍼블릭호와 이탈리아의 플로리다호가 짙은 안개 속에서 충돌했을 때는 재빠르게도 충돌한 지 30분 후에 이미 수 척의 배가 현장에 당도할 수 있었다.

그러나 1912년에 일어난, 빙산과 충돌한 타이타닉호 사건 때는 수많은 희생자를 내는 불행한 결과를 가져왔다. 때마침

근처에 있던 캘리포니아호가 표류 중인 커다란 빙산을 발견하고 타이타닉호에 비상경보를 전했는데, 그때 첫 항해에 나섰던 호화 여객선 타이타닉호는 때마침 미국의 코드곶(岬)과의 교신에 정신이 팔려 캘리포니아호의 이 친절한 정보를 무시한 채 속도도 줄이지 않고 그냥 항진했다. 마음이 상한 캘리포니아호의 통신사는 통신기의 전원을 꺼 버리고 누워서 자 버렸다고 한다.

그 직후인 밤중에 세기적인 비극이 일어났다. 새로운 SOS와 예전의 CQD라는 두 가지 해난구조 신호를 무전으로 청취하고 사고를 안 카르파티아호는 93㎞ 떨어진 지점에서부터 현장으로 급행해서 보트로 표류 중인 조난자 700명의 목숨을 구했다. 그러나 거기에는 이미 호화선 타이타닉호의 모습도, 첫 항해에 들떴던 화려한 꿈도 사라지고 없었다. 그런데 한편 사고 발생 때 캘리포니아호는 불과 30㎞ 이내의 지점에 있었고 타이타닉호의 발화신호(發火信號)도 인지했었으나, 굳이 통신사를 깨워서 무선 연락을 취해 보려 하지 않았다고 한다. 그리고 이튿날에야 이 대참사를 알게 되었다.

이 타이타닉호의 사고 이후, 국제회의는 해난 대책으로서 선박에 무선통신기의 장치를 의무화하고, 기술자에게는 해난신호에 대한 자동경보장치의 개발을 요구했던 것이다.

하늘로 퍼지는 통신

20세기 초두는 인류의 눈이 하늘로 돌아가던 시대였다. 기구, 비행선, 비행기 등의 개발과 실용화는 교통에 혁명을 일으키려 하고 있었다. 하늘과 지상, 하늘과 하늘에서의 통신을 갈

〈그림 6-13〉 비행기통신(1910년)[11]

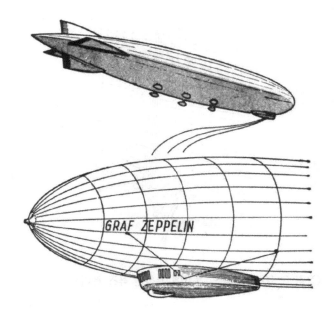

〈그림 6-14〉 체펠린 비행선의 안테나: 현수형(상)[14]과 단파 다
이폴 안테나(하)[41]

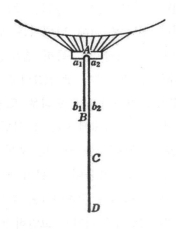

〈그림 6-15〉 체펠린 안테나(루드리히, 1912년)[6]

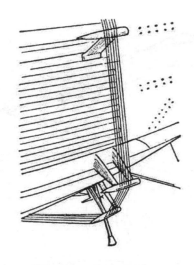

〈그림 6-16〉 비행기의 동체에 부착된 퓨즈 레이지 안테나[14]

망하게 된 것은 당연한 요구였다. 군용 정찰기는 그런 요구가
가장 소망하는 것이었다.

항공통신은 선박통신과 원리적으로는 같은 것이며 별다른 문
제는 없다. 그러나 선박에 비해 비행기는 소형인 데다가 고속
으로 이동하기 때문에 기술 면, 특히 송수신기의 경량화와 안
테나의 형상에 대해서 생각해야 했다(그림 6-13).

처음에는 안테나로 비행기에서 드리운 도선을 이용하고 있었
다. 그러나 비행선에서는 선체에 어스를 하면 불꽃에 의한 화재
가 염려되었으므로 선체에 대한 카운터 포이즈를 이용하고 있었
다. 그러나 이 구조로는 효율이 나쁘기 때문에 현재 체펠린
(Zeppelin) 안테나라고 불리는 수하(垂下)공중선(Trailing Antenna)
을 1912년에 독일의 P. 루드리히가 고안하였다(〈그림 6-14〉, 〈그

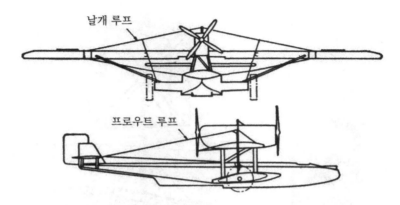

날개 루프

프로우트 루프

〈그림 6-17〉 덜니에 비행정의 방향탐지용 루프 안테나[41]: 동체 위와 날개 위
에 처진 2개의 루프 안테나를 이용하고 있다

림 6-15〉 참조). 그러나 비행기의 고속화와 더불어 현수형(懸垂型:
매달아 드리우는 형식) 안테나는 얼마 후 곧 시들해지고, 기체에
안테나를 치거나 동체에 도선을 감은 것을 안테나로 사용하게
되었다(그림 6-16).

1919년에는 미국 해군의 NC형 비행정과 영국 해군의 R-34
에 실용 무선기가 장치되었고, 1920년대에는 항공통신의 실용
화 시대를 맞이하게 되었다.

전파 방향탐지기

그런데 비행기에 있어서 뭐니 뭐니 해도 큰 사건은 제1차 세
계대전 중에 전파등대, 즉 항로표지국(航路標識局)이 영국과 프랑
스에 나타난 일이다. 해안선만 따라가면서 비행해야 했던 수상
비행기도 이것의 출현으로 기상이 나쁠 때라도 전파등대의 도

184

G. W. 피커드   〈그림 6-18〉 선박용 방향탐지 틀형
루프 안테나[14]

움을 빌어 지형에 구애받지 않고 목적지까지 일직선으로 날아
갈 수 있게 되었다.

이 전파등대의 항법(航法) 시스템 때문에 지향성 안테나를 사
용하는 전파 방향탐지의 기술이 개발되었다.

전파의 도래 방향을 정확하게 알기 위해서는 단향성(單向性)
의, 이른바 하트(Heart)형의 지향특성이 필요하다. 이 때문에 F.
브라운은 1906년에, 3소자 배열안테나를 생각했다. 또 미국의
G. 피커드는 1907년에 선형(線型) 안테나의 균일 지향성과 루
프형 안테나의 8자형 지향성을 조합해서 단향성인 지향성을 얻
었다(그림 6-17). 그러나 뭐니 뭐니 해도 유명한 것은 1907년
에 이탈리아의 E. 벨리니와 A. 토시에 의해서 고안된 벨리니-

토시 방식일 것이다. 이들 방향탐지법은 단순히 원리적인 제안에 그친 느낌이 없지 않았으나, 진공관기술의 발달에 의해서 단번에 실용화되었다. 제1차 세계대전 중에는 이 방식들이나 J. 로빈슨과 A. 테일러가 제안한 새로운 방식이 이용됐다고 한다.

그러나 이들 루프형 안테나를 이용한 방식에서는 도래 전파의 이른바 편파(偏波)의 성질 때문에 오차가 생기기 쉬운 성질이 있었다. 본래의 도래 전파 외에 건물로부터의 반사파나 전리층으로부터의 반사 전파를 동시에 수신하게 되면 방위(方位)에 수 도 내지 수십 도의 오차가 생기는 경우가 있다. 그래서 이 방위 오차가 극히 적은 F. 애드록의 방식이 1919년에 제안되어 방향탐지의 원리가 완성되었다. 이 애드록 방식은 1926년에 R. 스미스 로우즈와 R. 버필드에 의해서 400m파의 중파용 방향탐지기로서 실용화되었다(그림 6-18).

4. 지중통신, 수중통신

지중, 수중통신

공기 속으로 전파가 전파한다면 물속에서도 전파가 전파할 것이 틀림없다. F. 브라운은 1898년에 재빠르게도 이 사실을 확인했다. 그렇다면 땅속에서도 전파가 전파할 것이다. 구태여 눈에 거슬리게 안테나를 지상에 세울 필요가 없지 않은가? 아예 안테나를 대지에 수직으로 파묻어 버리면 어떨까? 영국의 J. 마거스는 1907년에 그런 생각을 하고 있었다. 그러나 땅속이나 물속에서는 공기 속과는 달리 전파의 감쇠가 두드러진다.

186

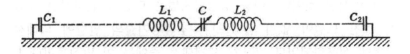

〈그림 6-19〉 접지안테나(카이비츠, 1911년)[6]

그와 같은 환경에서의 전파의 행동 따위가 도대체 무슨 쓸모가 있겠는가? 그러나 그런 말만 하고 있을 수는 없게 되었다.

매설안테나

1916년에 J. 로저스는 길이 425m의 선을 10~50cm의 지하에 파묻어 안테나로 이용해서, 미국에서 유럽의 전파를 수신할 수 있었다고 한다. 그때 이미 독일의 F. 카이비츠 등이 1911년에 길이 240m의 선을 지상 1m의 위치에 치고 안테나로 이용하고 있었으므로, 로저스가 의도한 것은 원리적으로는 그리 주목할 것이 못 되더라도 그 목적에는 충분히 수긍이 간다. 그는 군에 관계하고 있었으므로 눈에 띄지 않는 안테나를 생각하고 있었던 것이다. 그리고 그의 실험으로 흥미로운 사실이 판명되었다. 이 매설(埋設)안테나는 지상에 설치된 안테나보다 천연잡음을 쉽게 받지 않았다. 당시는 번개나 기상 변화에 수반하는 천연잡음은 통신을 방해하는 것으로서 커다란 문젯거리였다. 그래서 이 안테나가 한때 주목을 끌었다고 한다. 그러나 땅에 파묻어야 하는 성격상 그 효율이 지극히 나빠, 그 후에는 광산 등에서의 통신 시스템 등의 특수한 목적 외에는 이용되지 못했던 것 같다(그림 6-19).

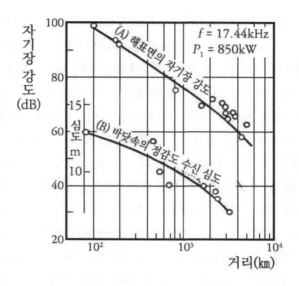

〈그림 6-20〉 해상과 바닷속에서의 전파강도의 비교(이토오 요
지)[38]: O표는 측정값, 실선은 오스틴-코헨식의
계산값, 해면 아래 13m쯤이 수신한계다

잠수함통신

한편 물속에서의 안테나는 잠수함의 실용화와 더불어 주목을
끌게 되었다. 미국 해군의 G. 클라크는 1909년에 수중전파 실
험을 했는데, 실용과는 거리가 먼 결과밖에 얻지 못했다. 물속
에서는 전파의 감쇠가 지극히 컸고 당시에는 수신기의 감도도
좋지 못했다.

그러나 1차 세계대전이 끝나고 잠수함의 중요성에 대한 인식
이 더해지자, 어쨌든 수중통신을 연구해야 한다는 사람들이 나
타났던 것이다. 나중에 레이더 현상을 발견한 미국 해군의 A.
테일러도 그중의 하나로서, 수중용 안테나를 고안했다고 한다.

188

1920년이 되자 P. 쿠우지의 대(對)잠수함통신 실험 결과가 제
출되었다. 그것에 따르면 해상에서는 80㎞의 통신이 가능한 잠
수함이 해면에 닿을락 말락 하게 가까이 잠수하면 최대 통신
거리가 20㎞가 되고, 거기서 다시 3m를 더 잠수하면 이번에는
그 거리가 겨우 5㎞로 줄어 버렸다고 한다. 바닷물 속에서는
전파의 감쇠가 크다는 것을 이 실험에서도 엿볼 수 있다.

해중통신은 지극히 능률이 나쁘다. 그러나 실제로 이용한 예
는 있다. 실제 전쟁에서 맨 처음으로 바닷속에 있는 잠수함에
신호를 보낸 것은 2차 세계대전 중인 1941년에 일본 해군에
의해서였다. 그때 송신한 전문이 "니타카(新高)산에 오르라"는
것이었다. 전함 요사미(依佐美)로부터 송신된 장파에 의한 이 전
신을 받은 이(伊)호 잠수함으로부터 즉각 특수 잠항정이 진주만
을 향해 특공 작전에 나섰던 것이다(그림 6-20).

5. 단파, 초단파와 배열안테나

한계가 있는 주파수

장, 중파로 사람들의 눈길이 쏠리고 있던 1902년부터 1910
년경에도, 마르코니사에서는 선박통신 등의 한정된 목적에는
파장 120m의 단파를 사용하고 있었다. 주간에는 150㎞, 야간
에는 1,500㎞ 이상의 통신이 가능했다고 한다.

그런데 각국에서 전파통신을 이용하게 되자 전파의 수요가
계속 증대해서 무선전신, 무선전화뿐만 아니라 방송에까지도
전파의 이용이 트이게 되었다. 따라서 전파의 주파수 이용이라

〈그림 6-21〉 초단파 측정용 선상안테나(마르코니, 1916)[10]

는 입장에서 더 짧은 파장대의 전파 이용을 생각할 수밖에 없게
되었다.

마르코니의 빔통신

마르코니는 재빠르게도 이 사실에 주목하고, 1916년에 자기
회사의 C. 프랭클린에게 지시해서 단파의 전파 실험을 하게 했
다. 그때 92m파, 66m파, 47m파, 32m파 등의 전파특성을 조
사한 결과 생각했던 것보다 전파가 더 멀리까지 도달한다는 사
실을 알고 감탄했던 것이다. 그때는 1차 세계대전이 한창이던

190

〈그림 6-22〉 2m파용 포물주 반사거울 안테나(마르코니, 1922년)[23]

때여서 각국은 통신 연구 같은 것을 할 만한 겨를이 없었다. 그러나 마르코니만은 특별했다. 그는 이탈리아 정부의 특별한 배려 아래 군용 비밀통신을 목적으로 하는 여러 단파 실험을 할 수 있었다. 이때 그는 단파의 이용 가능성을 이해하게 되었다. 그러나 불행하게도 단파의 전리층전파(電離層傳播), 즉 전리층에 의한 단파의 반사현상에 대해서는 발견할 수 없었다.

그는 옛날에 했던 실험으로 되돌아가서 포물주 반사거울을 사용하는 미터파의 지향성통신 실험도 해 보았다. 1916년에는 이탈리아에서 2m파를 사용한 10km의 통신에, 그리고 영국으로 돌아온 1917년에는 3m파를 사용한 30km의 통신에 성공했다 (〈그림 6-21〉, 〈그림 6-22〉 참조). 2m파와 3m파의 초단파에서는 자동차나 모터보트에서 발생하는 전파잡음을 받게 되는데,

당시의 큰 문젯거리이던 공전의 영향을 받지 않는다는 것에 그
의 실험 동기가 있었다. 해상에서의 수신 실험에서는 모터보트
가 송신국의 가시거리 밖인 곳에 오더라도 수신 강도가 급격하
게는 떨어지지 않는다고 보고했다.

이와 같은 초단파를 이용한 지향성통신을 마르코니는 빔
(Beam)통신이라고 불렀다. 당시 초단파는 진공관으로는 발생시
킬 수 없었기 때문에, 그는 다시 불꽃발진기를 사용했던 것이
다. 1919년에 진공관으로 15m파를 낼 수 있게 되자, C. 프랭
클린 등은 30㎞의 거리에서도 명료한 음성을 수신했다고 한다.

대서양을 날아간 전파

1920년이 되어 피츠버그에 라디오방송국 KDKA가 개국되고
라디오방송 시대가 시작되었다. 파장 200m 이하의 단파 이용
도 이제 시간문제였다.

미국에서는 이미 1918년에 파장 200m 이하의 단파를 아마
추어들에게 개방하고 있었지만 그 전파특성에 대해서는 잘 조
사되지 않은 상태였다. 그래서 아마추어 무선연맹에 단파 페이
딩의 관측을 의뢰했던 것이다. 이것이 1921년 단파의 전리층
전파의 발견으로 이끌어진 것이다.

1921년 12월에 유럽으로 최신 장치를 가지고 갔던 P. 고들
리 등은 미국의 아마추어 무선국의 전파를 수신해서 일대 선풍
을 불러일으켰다. 이것에 의해서 지금까지의 장파에 의한 대전
력국(大電力局) 지향을 중심으로 하는 사고방식이 일변하고 말았
다. 이듬해인 1922년에는 미국의 315개 무선국을 유럽에서 청
취했고, 프랑스의 1개 무선국, 영국의 2개 무선국을 미국에서

청취할 수 있었다. 그리하여 마침내 1923년 11월에 프랑스의 L. 드로이와 미국의 F. 슈넬, J. 라이너츠 사이에서 160m파를 이용한 상호 교신에 성공하였다.

단파의 전성시대가 오리라는 것은 이제 확실했다. 마르코니는 그때까지의 연구 결과를 정리해서 1922년에 발표하고 단파통신의 중요성을 역설했다. 그리고 스스로도 실험을 거듭해서 1924년에 영국과 인도 자치령 사이에 단파 빔통신 회선을 세계에 앞서서 완성했던 것이다. 그런데 마르코니사의 불꽃 방식은 그 후 다른 회사에서 개발한 아크 방식이나 고주파 발전기 방식 앞에서는 약간 구식이었고 뒤처진 느낌이 있었다. 그래서 경비가 적게 드는 소전력 단파통신의 개발에는 오히려 다른 회사들보다 재빨리 착수할 수 있었던 것이다.

단파에 의한 해외통신이 당시의 식민지 정책과 밀접한 관련을 맺고 개발됐다는 것은 말할 것도 없다. 여기서 각국은 다투어 단파를 연구하고, 안테나를 건설하는 시대를 맞이한다. 그리하여 1926년에는 대서양 횡단 단파음성통신국이 개국했다.

단파 배열안테나

전리층은 자연계의 영향을 받아 그 상태가 지극히 변화하기 쉽다. 단파통신에서는 전리층에서의 반사현상을 이용하므로 단파의 수신 전력은 시간과 더불어 변동하고 페이딩을 받기 쉽다. 그래서 단파용 안테나에서는 수신 전력이 크고 지향성이 예민한 안테나를 선택해서 수신기가 페이딩의 영향을 받기 어렵게 하고 있다.

수신신호 전력을 크게 하는 안테나는 어떤 형상이 될까? 어

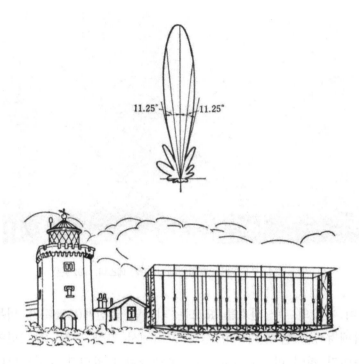

11.25°   11.25°

〈그림 6-23〉 프랭클린 배열안테나와 그 지향성(1922년)[30]

골형 안테나, 마름모꼴 안테나 등의 진행파안테나도 그런 목적
을 위해서는 효과적이다. 그 이외의 형상으로서는 배열안테나
를 생각할 수 있다. 안테나를 많이 배열해서 도래 전파를 그
각각의 안테나로 수신하여 그것들의 신호를 한데 묶어 수신기
로 보낸다는 사고방식이다. 장파 영역에서는 파장이 너무 길어
서 이러한 배열안테나를 생각할 수가 없지만, 단파에서는 파장
이 짧아서 이를 만들 수 있다.

　배열안테나에서는 각 안테나의 신호를 한군데로 모으기 때문

〈그림 6-24〉 지그재그 배열안테나(시레, 메스니, 1929년)[41]

에 이 각각의 수신신호를 모으는 기구인 급전계(給電系)가 너무 복잡해져서는 안 된다. 이 점을 고려해서 가장 먼저 1922년에 만들어진 것이 마르코니사의 C. 프랭클린이 발명한 빔안테나다 (그림 6-23). 그 후 1928년 O. 브랙웰이 제안한 그리스의 열쇠 무늬 배열과 1929년 프랑스의 H. 시레, R. 메스니가 제안한 지그재그 배열 등이 등장했다.

프랭클린의 안테나를 포함해서 그때까지의 안테나에서는 안테나의 도선이 대지에 대해서 수직이고, 안테나로부터 방사되는 전파의 전기력선 방향은 대지에 대해서 수직이며, 이른바 수직편파(垂直偏波)를 이용하고 있었다. 시레-메스니형도 그 구조는 지그재그지만 수직편파를 이용하는 안테나이다(그림 6-24).

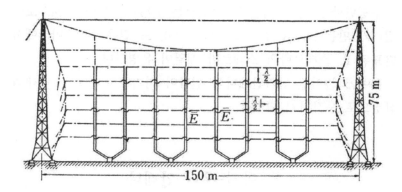

〈그림 6-25〉 텔레푼켄 소나무 배열안테나(보이뮐러, 1931년)[41]

수평편파의 이용

그런데 전기력선의 방향이 대지와 평행을 이루는 전파의 수평편파(水平偏波)를 이용하는 방법이 1926년에 발견되었다. 그것은 완전히 우연한 사건이었다. F. 알렉산데르슨은 50m파의 단파용 방향탐지 안테나를 실험하고 있었다. 당시는 단파의 방향탐지 연구가 활발해서 방향탐지에서 방위 오차(方位誤差)가 미치는 원인을 여러모로 연구하는 일이 유행하고 있었다. 그때 그는 어쩌다가 안테나의 배선을 잘못해서 수직편파가 아니고 수평편파를 수신하도록 연결해 버렸던 것이다. 그리하여 실험에서는 송신 측이 수직편파의 전파를 내고 있음에도, 놀랍게도 강력한 전파를 수신했던 것이다.

이 비밀은 전리층의 성질에 있었다. 수직편파의 전파가 전리층에 부딪치면 거기서 반사된 전파에는 수직편파와 수평편파 양쪽 전파가 다 포함돼 있었던 것이다. 이후부터 단파통신은 수평편파용 안테나를 이용하는 방향으로 옮겨가게 되었다.

수평편파용 단파 배열안테나로서는 1931년 독일의 M. 보이뮐러가 만든 소나무식 배열(그림 6-25), 또 같은 해에 미국에서 발표된 E. 스테르바의 스테르바 배열이 유명하다.

평야에 늘어선 단파안테나의 철탑이 여기에서 새로운 시대의 상징으로 등장하게 되었다.

6. 야기-우다 안테나

기생소자열

일본의 야기(八木)와 우다(宇田)가 발명한 안테나는 텔레비전 수신용 안테나로서 너무도 유명하다. 이 안테나는 많은 도체 막대로 만들어져 있는데, 자세히 살펴보면 수신기와 직접 연결된 것은 그중 단 1개의 도체 막대뿐이다. 다른 도체 막대는 단순히 그 주위에 배치되어 있는 데 지나지 않는다. 그러나 이들 수신기에 직접 연결되어 있지 않고 빌붙어(기생하고) 있다고나 할 도체소자군(導體素子群)에 야기-우다 안테나의 지향성의 비밀이 있다.

스크리닝, 반사현상

이 기생소자(寄生素子)의 지향성에 대한 효과는 1900년에 J. 체넥의 스크리닝(Screening) 효과로서 보고되어 있다.

안테나 쪽에 동일한 기생안테나

J. 체넥

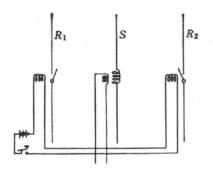

〈그림 6-26〉 스크리닝을 이용한 베를린 공항의 초단파 비컨 안테나
(1933년)[41]: 전자 릴레이로 기생소자를 단속한다

198

(Parastic Antenna)를 두고, 본래 전기를 공급해야 할 단자에 단 1개의 스위치를 장치한다. 이 스위치를 OFF로 하면 안테나와 기생안테나를 통합한 안테나계(系)의 지향성은 거의 원형이다.

그러나 스위치를 ON으로 하면 지향성이 나와서 기생소자의 방향으로는 전파가 방사되지 않고, 이 기생소자에 의해서 전파가 차폐된다는 것이다.

이 스크리닝의 사고방식은 나중에 독일에서 비행기의 전파유도기술에 이용되었다(그림 6-26).

도파현상

그런데 이와 같은 사상과는 독립적으로 야기-우다 안테나가 1926년에 일본에서 발명되었다.

당시의 일본은 1924년에 단파통신의 연구에 불이 붙기 시작해서, 미국으로부터 오는 파장 40m의 전파를 이와쓰키 수신소에서 가까스로 수신했던 직후였

야기 히데쓰구

다. 그럴 때에 도호쿠(東北)대학의 전기공학과에서는 사이토라는 한 재산가에게서 기부를 받아, '전기를 이용하는 통신의 연구'라는 공동 연구를 시작했던 것이다.

그 멤버 중 한 사람이었던 야기는 단파 시대 다음에는 반드시 초단파 시대가 올 것이라 확신하고 일약 초단파의 연구를 시작했다. 당시의 전기공학은 이른바 '강전만능(強電萬能)' 시대였다. 그 점으로 본다면 야기는 장래를 내다보는 뛰어난 식견

을 가졌었다고 하겠다.

야기는 초단파의 전파를 발생시키는 일이 우선 해결할 문제라고 생각하고, 바르크하우젠-쿠르츠의 진공관을 이용한 초단파 발생의 추시부터 시작하였다.

그리고 야기의 연구실에서 연구 중이던 학생 니시무라는 초단파 발생 장치의 루프 모양 도체에 발생한 전파의 상태를 조사하게 되었다. 그는 먼저 루프 모양의 전류 방사 패턴을 측정하는 것이 좋으리라고 생각하고 실험에 옮겼다. 그리하여 도파(導波)현상을 발견했던 것이다. 루프 도체를 흐르는 초단파 전류의 방사패턴으로서 그는 그때 루프 모양의 전류 자체가 만드는 지향성과는 달리 한쪽 방향으로만 전파가 예민해지는 지향성을 측정했다. 그 이유는 아마추어도 알 수 있게끔 지향성이 강하게 되어 있는 방향에 전파발생용 진공관 장치를 두었던 데에 있었다. 이 금속체가 지향성에 미치는 효과는 당시로서는 하나의 충격이었다. 그래서 이 실험 상황을 구체화해서 전파발진 장치 대신 기생도체를 두어 보더라도 같은 현상이 일어나는지 어떤지를 확인해 보았다. 그러자 예상했던 대로 전파는 그 방향으로 강하게 방사했던 것이다.

도파소자열

야기는 이 전파의 도파현상을 꽤 흥미롭게 생각했다. 그래서 신임 강사로 있는 우다에게 이 기생도체의 효과를 연구해 보라고 권했다.

우다는 이 현상에 크게 흥미를 느끼고,

우다 신타로

200

〈그림 6-27〉 50㎝파의 방향탐지용 안테나(우다, 1926)[34]

파장 4.4m파로 여러 가지 형상의 기생도체를 시험해서 스크리닝 효과를 발견했던 것이다. 그리고 도체 막대가 가장 다루기 쉽다는 것에 착안해서 여러 개의 기생도체 막대를 이용하기 시작했다. 광학의 유추를 통해 공진형 코너 리플렉터(Corner Reflector)를 생각해 보기도 하고, 수십 개의 기생소자를 운동장에 배열해 놓고 그 특성을 조사하기도 하였다.

그 결과 주기적으로 배열된 기생도체 막대의 배열에서 전파를 운하처럼 이끌어 가는 효과가 있다는 것이 밝혀졌다. 그렇다면 차라리 초단파로써 전력을 전송할 수 없을지에 대해 야기가 그에게 한 말도 머릿속에 있었으나, 어쨌든 우다는 보기 드물게 힘이 넘치는 사람이었다. 그 후 그가 주기적으로 배열한 도체 막대 배열은 초단파의 전력전송을 위한 목적에는 효율적인 구조가 아니라는 것이 밝혀졌다. 그 반면 오늘날 우리가 야

기-우다 안테나라고 부르는 것의 기본 형상은 1926년에 완성
되었다. 그의 연구는 「초단파범의 연구」라는 제목으로 보고되
었다(그림 6-27).

낙도통신
안테나의 형상과 특성이 밝혀졌다면 통신에 대한 이용도 생
각해야 한다.
우다는 1927년 11월에 첫 번째 통신 실험을 센다이 교외에
서 실시해서 4km의 통신에 성공했다. 그리고 이듬해 11월의
17회째 실험에서는 쓰쿠바 위와 235km의 거리에서 통신을 하
였다.
실용화를 겨냥해서 더욱 실험을 거듭하여 1931년에는 4m와
5m파로 니가타-사도 사이의 통신 실험, 1932년에는 8m파로
도리섬-사카타 사이의 통신 실험을 했다. 이것이 계기가 되어
1933년에는 도리섬과 사카타 사이에 실용 무선전화가 개국하
게 되었다.
당시 미터파의 실용 회선은 하와이제도 사이와, 코르시카섬
과 프랑스 본토 사이 등 한정된 곳에밖에 없었는데, 이것으로
보면 당시 일본의 기술은 상당한 수준에 있었다고 할 수 있다.
그러나 어쩐 일인지 일본에서는 그 후 연구가 단절되고 이 안
테나도 사람들의 기억에서 잊히고 말았다. 그것이 당시 일본의
일반적인 사회 실정이었는지도 모른다.

YAGI ARRAY
그런데 이 야기-우다 안테나가 제2차 세계대전 중 엉뚱한 일

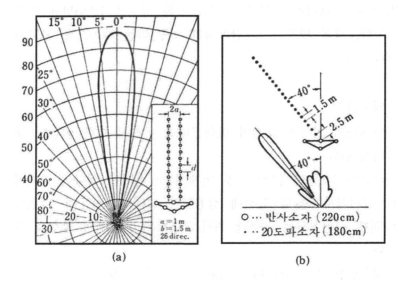

〈그림 6-28〉야기-우다 구조의 여러 가지 지향특성(우다, 1926년)[34]: 2열의
  기생소자군을 두었을 때(a), 기생소자군을 비스듬히 했을 때(b),
  기생소자군을 곡선 모양으로 배치했을 때(c)

로 인해 다시 기술자들의 주의를 끌게 되었다.

　1942년에 일본군이 싱가포르로 침입해서 영국의 전파병기
라디오 로케이터(Radio Locator, 레이더의 옛 이름)를 빼앗았더
니, 뉴먼이라는 기사가 가졌던 설명서 속에 'YAGI ARRAY'라
는 문자가 있었다. 군 관계 기술자들 사이에서는 도대체 이게
무엇인지가 문제가 되었다.

　돌이켜 보면 야기는 1928년에 세계 여행을 하면서 그들 그
룹이 이룩한 성과를 세상에 묻고 있었다. 그때 영국에서는 이
야기-우다 안테나의 예민한 지향성에 착안하여 비행기의 착륙
유도 장치에 이용할 것을 고려했고 실행에 옮겼던 적이 있었다

(그림 6-28). 말하자면 영국에서는 이 안테나에 관해서 본고장인 일본에서보다 더 잘 알려져 있었던 것이다. 그제서야 일본에서도 뒤늦게나마 해군용 레이더에 이 안테나를 이용하게 된 것이다.

2차 세계대전이 끝나자 초단파기술도 군용에서 민간용으로 확대되어 텔레비전 시대를 맞이하게 된다. 이리하여 야기-우다 안테나는 전 세계의 주택 지붕 위에 설치되어 갔다.

7. 마이크로파와 개구안테나

마이크로파

1920년에 G. 바르크하우젠과 쿠르츠가 진공관으로 파장 40㎝의 전파를 발생시킨 뒤부터 짧은 파장의 전파 이용에 대한 연구에 박차가 가해졌다.

프랑스의 A. 크라빌 그룹은 1929년에 마이크로파 연구에 착수해서, 1930년에는 미국에서 지름 3m의 포물면거울을 사용해서 통신 실험을 했다. 그리고 1931년에는 17.1㎝파를 발생시켜 포물면거울을 이용해서 프랑스로부터 영국으로 40㎞의 도버해협 횡단통신을 실시하여 성공했다(그림 6-29). 도버해협 횡단 실용 회선은 1933년에 완성되었다. 이때 크라빌은 'Micro rayon'이라는 말을 썼다. 이것이 'Microwave(마이크로파)'의 어원이다.

마르코니도 1933년에 포물면거울을 이용해서 60㎝파의 통신 실험을 했으며, 유럽은 마이크로파 시대로 접어들었다(그림 6-30).

〈그림 6-29〉 통신용 포물거울 안테나(크라빌, 1930년)[23]

〈그림 6-30〉 56㎝파의 포물원기둥 안테나(마르코니, 1933년)[12]

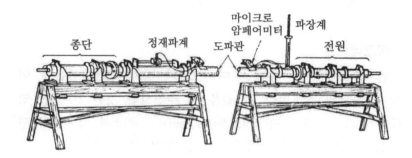

〈그림 6-31〉 마이크로파 실험 장치(사우스워스, 1934년)[20]

도파관

G. C. 사우스워스

미국의 벨 연구소에서도 마이크로파의 도파관(導波管) 전송 실험을 하고 있었다.

전파는 평행2선과 그것을 변형한 동축 케이블을 전파해 가는데, 파장이 짧아지면 금속 파이프 속을 전파해 갈 수 있게 된다. 이 금속 파이프가 도파관(Wave Guide)이라는 것이다.

이 전파의 도파관 내에서의 전파는 이미 1893년에 J. 톰슨이 예측했고 1897년에 L. 레일리가 그 이론을 해석했는데 현실적으로 도파관을 실용화하는 문제가 남아 있었다. 이에 벨 연구소의 S. 셸크노프와 J. 칼슨은 도파관의 실용화를 위한 이론을 연구하고, C. 사우스워스는 실험을 했다.

그리하여 1933년에 사우스워스는 15㎝파를 이용해서 레일리의 이른바 모드(Mode)이론이라 불리는 것을 실증했으며, 1934년에는 15㎝파로 지름 12.7㎝, 길이 267m의 원형 도파관을 사용한 통신에 성공하였다(그림 6-31).

마그네트론

벨 연구소에서는 수많은 마이크로파 장치가 개발됐는데 이 마이크로파의 실용화를 한 걸음 더 추진시킨 것은 1936년 영국에서 G. 킬골이 마그네트론(Magnetron, 자전관: 전자관의 일종)을 이용해 50㎝파의 대전력전파를 발생시킨 것이었다.

마그네트론은 1921년에 미국의 A. 헐이 발명해서 짧은 파장의 전파를 발생하는 새로운 장치로서 주목되었으나, 출력 전력이 낮아서 도무지 쓸모가 없었다. 이 문제가 2차 세계대전 중 영국의 집중적인 연구로 단숨에 해결된 것이다. 이 분야에서는 일본에서도 1927년에 오카베가 분할양극(分割陽極) 마그네트론을 발명했고, 마그네트론 연구는 당시 영국과 일본이 그 중심지였다. 이들 연구는 레이더의 개발과 결부되어 발전했던 것이다.

미국에서는 1939년에 R. 베어리언이 클라이스트론(Klystron)을 발명하여, 마이크로파의 발생은 한층 용이해졌다. 또 마이크로파를 증폭하는 것으로는 1942년 R. 콤프너의 진행파관(進行波管)이 있다.

광학 기기와 마이크로파 안테나

마이크로파의 파장은 짧고 그 성질은 빛에 가깝다. 그래서 마이크로파의 안테나는 광학 계통의 망원경과 같은 원리로 만들 수가 있다. 다만 광학계와의 차이는 마이크로파 안테나에서는 결상작용(結像作用)이 요구되지 않는다는 점이다. 그래서 이

른바 접안렌즈가 필요 없고, 대물렌즈와 반사거울만을 생각하
면 된다. 그리고 대물렌즈의 초점 위치에 단순히 마이크로파를
발생시키거나 수신하는 작은 안테나를 두기만 하면 마이크로파
안테나가 완성된다.

19세기 말에 마이크로파 기술이 꽃을 피운 적이 있었다. 그
러나 그 후로는 도무지 활발해지지 못해서 마이크로파 안테나
같은 것은 안테나로 생각하지도 않던 시대가 있었는데, 1930
년대 마이크로파 개발과 더불어 가까스로 자리를 잡게 되었다.
마이크로파 안테나는 단파용 등의 선형 안테나에 대비해서 개
구(開口)안테나(Aperture Antenna)라 불린다.

개구안테나

광학 반사망원경에 대응하는 것이 반사거울 안테나이다. 포
물면거울의 이용은 광학에서는 상식적이지만, 1937년에 G. 리
버가 지름 9m의 대형 포물면 반사거울 안테나를 전파천문(電波
天文)용으로 만든 것은 특기할 만한 일이다. 구면(球面) 반사거울
은 1946년에 J. 아슈메드와 A. 피퍼드에 의해서 만들어졌다.
구면거울에서는 이른바 구면수차(球面收差)*가 있는데 그것이 문
제가 되지 않을 범위에서 그들은 구면거울을 이용하였다.

또 2장의 반사거울을 이용하는 카세그레인형 안테나(Cassegrain
Antenna)는 1961년에 W. 화이트와 L. 드시즈가 시도했다(그림
6-32).

광학에서의 굴절망원경에 대응하는 것이 렌즈 안테나(Lens
Antenna)이다. 1946년에 F. 프리드랜더는 수지(樹脂) 렌즈를 이

---

* 편집자 주: 곡률 때문에 빛이 초점을 맺는 위치가 어긋나는 현상

〈그림 6-32〉 NASA 골드스톤 기지국의 지름 25m의 카세그레인 안테나
(1962년)[23]

용한 렌즈 안테나를 고안하고 있었다. 렌즈의 본질은 렌즈 속
의 전파 속도가 대기 속과는 다른 데에 있다. 이와 같은 렌즈
효과는 금속판을 조합해서도 만들어 낼 수 있다. 이것이 1946

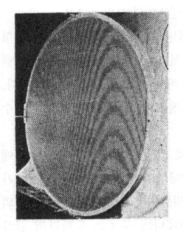

〈그림 6-33〉 금속판 전파 렌즈[28]

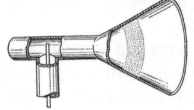

〈그림 6-34〉 혼 안테나[22]

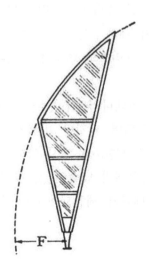
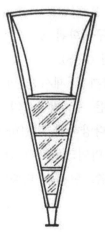

〈그림 6-35〉 혼 리플렉터 안테나[22]: 점선은 포물선을 나타냄

년 W. 콕이 발명한 금속판 전파 렌즈이다(그림 6-33).

또 별난 종류의 렌즈로는 1944년의 R. 르네백이 만든 구형 렌즈가 있다. 굴절률이 렌즈 속에서 균일하지 않은 것이 이 렌즈의 재미있는 점이며 그 초점은 바로 렌즈의 표면 위에 있다. 형상은 구형이므로 사방이 죄다 정면이 되는 렌즈라고 할 수 있다.

그런데 이들 광학계의 대응으로 만들어진 안테나의 초점에 두는 작은 안테나는 이른바 혼 안테나(Horn Antenna)인 경우가 많다. 1935년에 발명된 A. 킹의 원뿔 혼 안테나가 이런 종류의 것으로는 최초일 것이다. 이 혼 안테나의 구조는 도파관의 끝을 이른바 메가폰처럼 단순히 나팔 모양으로 크게 벌린 것이다(그림 6-34).

이 혼 안테나와 포물면의 일부를 조합한 혼 리플렉터 안테나(Horn Reflector Antenna)는 2차 세계대전 중에 고안됐는데 그것이 구체화된 것은 1948년 H. 프리스의 연구에 힘입은 바 크다(그림 6-35).

지금까지 제시한 마이크로파 안테나의 지향성은 서치라이트와 같은 한 방향성의 것에 한정되어 있지만 반사거울의 형상 등을 다양하게 변형하면 별난 지향특성을 가진 안테나가 얻어진다. 마이크로파의 안테나는 광학계의 답습인 것 같지만 천만의 말씀, 현재는 다종다양한 안테나가 제안되어 헤아릴 수조차 없다.

8. 가시거리 외 통신

가시거리 밖으로의 전파전파

극초단파나 마이크로파는 빛과 마
찬가지로 직진하기 때문에 가시거리
밖인 곳으로 회절효과에 의해서 전파
해 간다는 것은 거의 기대할 수 없다.
이를테면 지상 100m 지점에서부터의
가시거리는 대체로 35㎞이므로 그 통
신 범위도 스스로 한정되는 것이라고
생각되고 있었다.

A. G. 크라빌

그러나 대전력송신기가 개발되어 가시거리 외 지점에서 전파
가 전파하는 상태를 조사하려는 기운이 조성되었다. 1941년에
는 A. 크라빌이 재빠르게도 남프랑스에서 10㎝파를 이용한 가
시거리 외 통신 실험을 하고 있었다. 그리하여 놀랍게도 송신
점으로부터 165㎞, 수평선으로부터의 가시거리 밖으로 70㎞나
더 나간 지점에서도 양호한 상태로 신호를 수신했던 것이다.

그보다 10년 전인 1931년에는 G. 마르코니가 이탈리아 연안
에서 50㎝파의 해상 전파(海上傳播) 실험을 했다. 그도 역시 이
와 같은 짧은 파장의 전파도 의외로 가시거리 밖에까지 전파해
간다는 사실을 알아채고 있었다. 그리고 초단파전파는 비행기와
의 통신에서 충분히 실용화될 수 있으리라고 예측하고 있었다.

또 1945년에는 M. 카진이 75㎝파의 회절전파 실험을 카리브
해에서 실시함으로써 가시거리 외 전파에 대한 관심이 높아졌다.

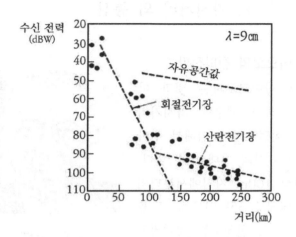

〈그림 6-36〉 가시거리 밖으로의 전파특성[36]: 100km보다 더 멀리에서는 산란전파가 우세하다

대류권 산란

1949년 M. 메고의 10cm파를 이용한 가시거리 외 전파 실험 결과는 마이크로파의 가시거리 외 통신에 대한 계기를 마련했다. 이때에 관측된 전파수신 강도는 가시거리 외 지점에서 회절전파의 이론식보다 훨씬 큰 값을 나타내고 있었던 것이다(그림 6-36).

그는 이 이유로서 기상조건 등에 기인하는 대기의 불규칙한 난류나, 불균일성에 기인하는 대기 굴절률의 근소한 변화로부터 생기는 산란전파가 큰 역할을 하고 있는 것으로 생각하고 있었다. 마치 일몰 후에도 태양광이 대기 상공의 먼지로 산란되어, 그 산란광으로 인해 지표면이 밝아지는 현상과 같다.

이 산란현상을 이용한 가시거리 외 통신 방식을 생각하려고

1950년에 벨 연구소와 MIT의 링컨 연구소에서 실용화 연구가
행해졌다. 한편 이론 연구도 H. 부커, W. 골든에 의해서 일단
완성되었다. 그리고 이 대류권의 산란전파를 이용한 실용통신
회선이 1952년에 플로리다와 쿠바 사이에서 완성됐던 것이다.
또 1968년부터 한국과 일본 하마다시 사이 256㎞에서 이 방
식의 통신이 실용화되어 있다. 이 가시거리 외 통신을 위해서
는 대전력송신기와 지향성이 예민한 안테나가 필요하다. 안테
나로는 커다란 포물면거울 안테나(Parabolic Reflector Antenna)
를 이용하는 경우가 많고, 1.5m파 이하의 전파를 이용해서
900~1,500㎞ 거리의 통신이 가능하다고 한다.

전리층 산란통신

불규칙한 대기 상태가 산란통신에 이용될 수 있는 것이라면
마찬가지 일을 전리층에 대해서도 생각할 수 있다. 전리층의
불규칙한 산란을 이용하는 산란통신은 1951년에 그린란드와
캐나다를 잇는 군용 대서양 횡단 항공로의 통신 회선으로서 실
용화되었다. 그리고 1952년에는 D. 베일리가 전리층 산란통신
에 대한 기본적인 사항을 발표했다.

지상 85~90㎞ 상공의 전리층 하층부에서는 끊임없이 우주로
부터 내리는 유성에 의해서 전리층이 교란되고 있다. 그래서
이 전리층의 근소한 교란으로부터 일어나는 전파 산란을 이용
하려는 것이다. 이때 사용 주파수로서 25~60MHz의 전파를 선
택하면 600~2,300㎞ 사이에서 통신이 가능하다고 한다.

산악 회절통신

전파가 산악에 부딪치면 그 그늘이 되는 곳에서는 전파가 약해진다. 그러나 산악의 형상에 따라서는 생각했던 것만큼은 전파가 감쇠하지 않는 경우가 있다는 것이 밝혀졌다. 이와 같은 특수한 지형효과를 이용한 통신 방식을 산악 회절통신이라 부른다. 산악 지대가 많은 일본에서는 이 산악 회절전파 전파를 1948년경부터 의식하기 시작해서 그 후 독자적인 연구가 이루어져 왔다. 이 성과를 이용한 가시거리 외 통신 회선이 1960년에 규슈 남단 가고시마와 아마미오섬 사이 340km에서 세계에 앞서 실용화되었다. 이 회선에서는 바로 중간 지점에 안성맞춤으로 나카노섬이 위치해서 이 전파가 회절하는 해상 산악이 되어 있다.

9. 우주통신

위성통신

위성통신(衛星通信)의 시초는 1957년 국제지구관측년에 즈음해서 발사된 구소련의 인공위성 스푸트니크(Sputnik)이다. 우주 공간으로부터 보내진 초단파의 전파신호는 사람들에게 우주 시대가 왔다는 인상을 강하게 심어 주었다.

그 후의 눈부신 우주 개발로 1959년 낮은 고도에서의 스코어(Score) 위성에서는 통신 실험이 행해졌고, 1962년 텔스타(Telstar) 위성으로 위성통신 시대가 개막했다(그림 6-37). 1963년에는 신콤(Syncom II) 위성으로 지상 35,860km 상공에서 지구의 자전과 같은 주기로 도는 위성, 이른바 정지형 위성이 실현되어 우주 통신의 실용화 시대로 접어들었다. 그리하여 위성은 과학 연구, 우주 관측, 기상 관측, 측지(測地), 방송 등을 위해 이용되게 되었다.

이 화려한 우주 이용 시대에 앞서서 우주통신을 위한 제안이 있었다.

〈그림 6-37〉 텔스타 위성[37]

현재 SF 작가로서 활약하고 있는 A. 클라크는 2차 세계대전 중에 레이더 기사로서 독일의 로케트 II에 큰 흥미를 가지고 있었다. 그리하여 전후의 혼란한 시대이던 1945년에 인공위성통신 시대가 오리라는 것을 예견하고, 재빠르게도 정지위성의 구상을 제시했다는 것은 특기할 만한 일이라 하겠다.

또 1950년에는 미국의 J. 피어스도 위성통신의 유효성을 역설하고 있었다.

반사파를 이용한 우주통신

1946년에 미국의 J. 모펜슨은 달에 레이더 전파를 충돌시켜 그 반사전파를 수신했다(그림 6-38). 이것을 가시거리 외 통신에 이용할 수 없을지 전화통신 실험을 한 것이 1954년의 J. 트렉슬러이다. 이 시험은 각국에서도 추시됐으나 좋은 결과를 얻지 못했다.

그래서 달을 이용하기보다는 인공 반사체를 생각하는 편이 나으리라는 생각에서, 1960년에는 지름 30m의 커다란 기구

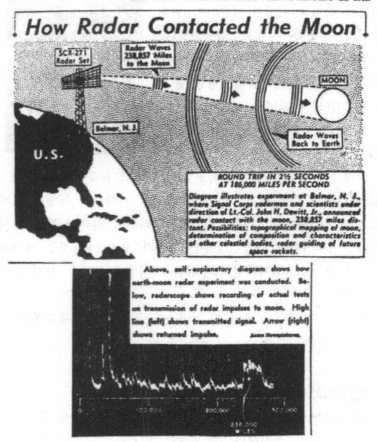

〈그림 6-38〉 달로부터의 레이더 반사전파 수신을 보도한 신문과 반사파[28]

에코(Echo) 위성이 1,000㎞ 상공으로 발사되었다. 이 기구에 지상으로부터 전파를 충돌시켜, 그 반사전파를 이용해서 텔레비전을 시청하려는 것이었다. 그러나 유성진(流星塵: 유성의 재나

티끌)과의 충돌로 기구 속의 가스가 빠져나가 버려 그 결과는 탐탁하지 못하였다.

이번에야말로 꼭 본격적인 통신을 성취하고자 1963년 MIT 의 링컨 연구소에서는 웨스트포드 계획(Project Westford)을 발 표했다. 이 계획은 지상 1,000km 상공에 길이 1.78cm, 지름 0.017mm의 4억 개의 금속 침(도선)을 뿌려 놓고, 3.7cm파의 전 파로 인공 전파반사체를 우주 공간에 만들려는 것이었다. 이 계획에는 우주의 전파환경(電波環境)에 해를 미치게 될 것이라는 반대 의견이 많아서 끝내 실현되지 못했던 것 같다.

우주통신과 사용 전파

우주통신을 생각할 때 고려해야 할 일은 어쨌든 통신 경로가 길어진다는 점이다. 따라서 수신 전력은 어쩔 수 없이 약해지 게 된다. 그래서 먼저 전파잡음과 신호의 상관관계를 생각해 보아야 한다.

중파나 단파는 전리층에서 반사되기 때문에 우주통신에는 부 적합하다. 초단파에서는 우주 전파잡음이 문제다(그림 6-39). 그 렇다고 해서 파장을 지나치게 짧게 하면 대기 속의 수증기 등 으로 전파의 흡수가 일어나 버린다. 그래서 현재는 파장이 30~3cm 부근의 마이크로파가 이용되고 있다. 이 정도 주파수 에서는 전파가 변형되지 않고, 즉 찌그러짐이 없이 우주로부터 지상으로 도달한다. 그래서 기술자들은 지구와 우주 사이에는 빛 말고도 전파에도 창문이 트여 있다고 표현한다.

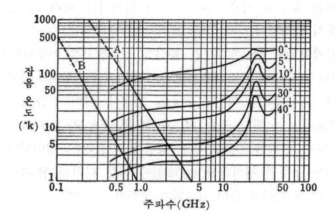

〈그림 6-39〉 우주잡음 및 대기잡음의 특성[37] A: 우주잡음 최대값,
B: 최소값(CCIR에 의함). 우측 숫자는 지상국의 안테나
의 앙각(仰角). 앙각이 작아지면 대기 속의 전파경로가
길어지고, 전파잡음이 증가한다

우주통신안테나

그러므로 지상의 우주통신용 안테나는 마이크로파의 개구안테
나가 이용된다. 그중에서도 신호와 잡음의 문제를 고려하면 잡
음에 강한 안테나가 바람직하다. 한때 미국에서는 혼 리플렉터
가, 영국에서는 포물면거울이, 일본에서는 카세그레인형 반사거
울 안테나가 이용됐는데 현재는 카세그레인형이 경제성의 측면
에서 가장 능률적이라는 것이 세계적인 정설(定說)이 되어 있다.

7장 레이더 현상

리모트 센싱에 관한 이야기

1. 레이더의 원리

전파와 레이더

어렸을 적에 메아리에 흥미를 갖지 않았던 사람은 아마 없을 것이다. '야호' 하고 소리치면 '야호' 하고 대답하는 메아리는 물체에 의한 소리의 반사현상이다. 레이더의 원리도 한마디로 말해서 바로 전파의 메아리라고 할 수 있다. 그러나 소리로 듣는 것과는 달리 우리는 전파를 직접 느끼거나 볼 수는 없다. 그래서 인류가 레이더를 발견하고 응용하기까지에는 꽤나 오랜 세월이 필요했다.

1888년에 H. 헤르츠가 처음으로 전파를 발생시켜, 이 전파가 금속판에서 반사하는 것을 확인하였다. 즉 전파의 메아리의 발견이다. 이듬해인 1889년에는 재빠르게도 N. 테슬라가 실용적인 관점에서 전파의 반사파를 이용하면 반사체의 위치 등을 알아낼 수 있다고 제안하고 있었다. 레이더는 전파의 역사에서는 그래도 꽤 이른 시기에 생각되고 있었다고 할 수 있다. 그러나 후세 사람들은 무선통신 연구로만 치달았을 뿐, 겨우 독일의 히르스마이어가 선박의 충돌 방지용 전파 장치를 발명해서 1904년에 특허를 따는 데 그쳤다. 또 제1차 세계대전 중에는 각국에서 전파를 이용한 방향탐지기의 연구, 개발에 열중하고 있었다.

그러는 동안에 세월이 흘러가고 단파 시대가 시작되는 1922년, G. 마르코니는 기술자들에게 단파대를 이용하도록 호소하였다. 그때 그는 해상에서의 선박 충돌 방지에 단파대의 반사파를 활용해야 할 것이라는 적극적인 제안을 하고 있었다. 그

는 배 위에서의 경험에 따르면 전파 방향탐지기가 지시하는 방
향은 배가 가까이에 있을 때는 약간 틀린 방향을 가리킨다고
했다. 당시 많은 사람들에 의해서 방향탐지기의 지시 오차가
보고되고 있었고 벼랑이나 언덕, 산, 나무, 건물 등은 물론, 기
다란 금속관이나 공중선, 심지어는 땅속에 파묻힌 금속체에 이
르기까지가 논의의 대상이 되었다. 그러나 마르코니의 얼핏 보
기에 통속적이라고도 할 이 발언은 곰곰이 생각해 보면 꽤 암
시적이었다. 전파의 반사파는 파장이 짧아짐에 따라서 강해지
기 때문이다.

모조리 드러난 레이더의 원리

이 마르코니의 제안에 흥미를 가진 미국의 H. 로워는 피조
효과를 이용해서, 이동하는 물체를 전파로써 검출하는 방법에
착안하여 1923년에 제시했다. 빛은 파동이다. 그래서 접근하는
물체로부터 발생하는 소리가 높게 들리는 도플러 효과와 마찬
가지의 효과가 빛에서도 일어난다는 것이 피조 효과이다. 그러
나 당시 로워의 장치는 그리 정교하지 못했기 때문에 히르스마
이어의 장치를 능가할 만한 이점을 찾아내지 못하였다.

그런데 1902년에 예언됐던 전리층은 1925~1926년에 FM전
파나 펄스전파로 그 존재를 확인할 수 있게 되어 레이더에 대
한 기술적 가능성이 한 걸음 더 전진했다.

이제 레이더를 가질 수 있느냐 없느냐 하는 것은 이미 원리
적인 문제가 아니라 기술 수준의 문제가 되었다. 그러나 이 기
술은 그렇게 만만한 것이 아니다. 이를테면 브라이트-튜브의
방법에서는 펄스의 폭이 0.5ms(Milli-Second, 즉 1/1,000초)이

222

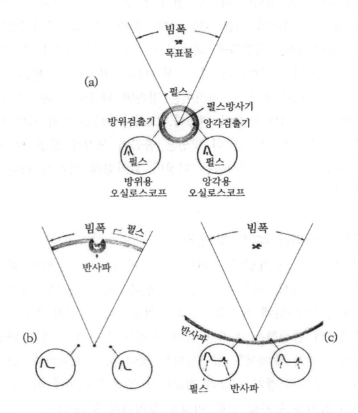

〈그림 7-1〉레이더 펄스의 전파와 그 브라운관 위의 기록(미 육군 통신
대 연구소의 보고서에서)[41]: 펄스가 송신되어(a), 비행기에 부
딪쳐서(b), 반사펄스가 수신된다(c)

므로 80㎞ 이내에 있는 물체의 탐지에는 이용할 수가 없다. 또
송신기와 수신기의 위치를 그들이 했듯이 13㎞나 떼어 놓고 설
치해서는 물체까지의 방위와 거리를 직접 측정하는 것이 도저
히 불가능하다. 그러나 이 시대의 기술 수준으로는 그것이 한

계점이기도 하였다.

 실용적인 레이더를 개발하기 위해서는 초단파송신기와 그것을 제어하는 펄스기술, 지향성이 예민한 안테나, 고감도의 펄스파수신기, 그리고 신호를 표시하는 브라운관 기술이 필요했다. 각국에서는 우연히도 레이더 현상을 발견하고 저마다 비밀리에 독립적으로 레이더 개발을 추진하고 있었다(그림 7-1).

2. 각국의 레이더 개발

라디오 로케이터

 영국에서는 레이더를 라디오 로케이터(Radio Locator)라고 불렀다.

 영국이 나치의 공군력 앞에서 방공체제의 중요성을 뼈저리게 느끼고 있던 1934년에, 전파를 이용한 항공기 탐지에 관한 방공과학위원회(防空科學委員會)가 개최되었다. 거기서 만장일치로 이

R. A. 왓슨 와트

런 종류의 전파병기를 개발하기로 결정하고 곧 H. 티저드를 책임자로 하는 위원회가 발족되었다.

 이때 이 그룹에 물리연구소의 R. 왓슨 와트가 있었다. 그는 곧 1935년 1월에, 전파를 이용한 간단한 비행기 탐지 방법의 예를 제시하고 150㎞ 전방에 있는 비행기의 탐지를 목적으로 한 제안을 하였다. 이때 그는 1931년에 보고된 다음의 사실을 인용했다. 대번트리 단파 방송국에서 16㎞ 떨어진 곳에서 방송

224

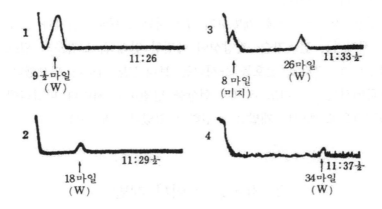

〈그림 7-2〉 비행기 탐지의 레이더 화상(왓슨 와트, 1935년 6월)[17]: W가 실험기
의 반사파를 가리킨다. 3에서는 미지의 비행기를 포착하고 있다.
이와 같은 미지의 물체의 브라운관 위에서의 표시방법은 A스코우
프법이라고 불린다

파를 수신하고 있을 때, 국으로부터 13㎞ 지점에 비행기가 당
도하자 수신기에서 레벨(Level) 변동을 감지할 수 있었다는 보
고를 기억하고 있었다. 그는 1920년부터 비행기의 안전 항행
을 위한 뇌운의 예지에서 공전원(空電源)*의 위치를 관측하고
있었고 이미 그런 목적을 위해서 브라운관을 이용한 장치를 개
발하고 있었다. 공전전파는 연속파가 아니고 펄스 모양이므로
그가 만든 장치의 브라운관 위에서는 뇌운에서부터 직접 오는
전파와, 간접적으로 산이나 언덕에 반사되어 도달하는 전파가
명확하게 식별되었다. 그래서 그에게 있어서 레이더의 개발은
제로에서부터 출발하는 것이 아니라 어느 정도 기초가 있었다

---

* 편집자 주: 대기 중에서 전자기파의 방해가 시작되는 지점

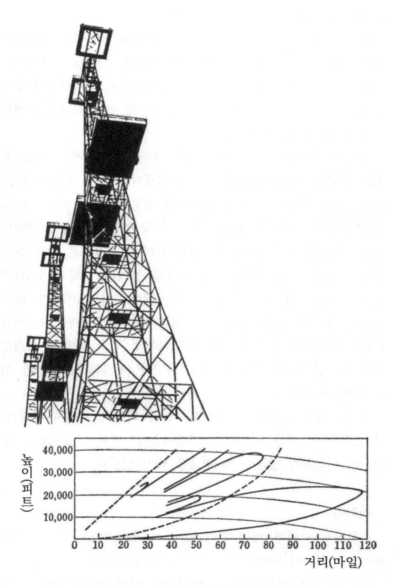

〈그림 7-3〉 체인홈 레이더 안테나와 그 지향성[21]

고 할 수 있다.

이 제안으로 티저드 위원회로부터 거액의 연구비를 보조받은 왓슨 와트의 그룹에서는 서둘러 실용화 연구를 추진했다. 1935년 6월에는 28MHz의 장치로 65㎞ 전방의 비행기를 찾아 냈고, 9월에는 25㎞ 전방, 2,100㎞ 상공에 있는 비행기를 명확하게 식별하였다(그림 7-2).

다시 탐지 거리를 늘리기 위해서 1936년 3월에는 70m 높이의 체인홈(C. H.)이라 불리는 큰 안테나를 세워 120㎞ 전방, 450m 상공의 비행기를 포착하는 데 성공했다(그림 7-3). 이 결과에 만족한 군에서는 1937년부터 영국 각지에 방공용 레이더 망을 구성 하기 시작했다. 또 1939년에 기술자들은 낮은 고도에서 진입하는 비행기의 탐지 능률을 높이기 위해 1.5m파의 체인홈 로(C. H. L.) 레이더를 개발했다. 이 레이더가 바로 1939년에 3,000m의 고도로 침입해 온 나치 독일 공군기를 150㎞ 전방에서 탐지하여 나중에 나치의 영국 폭격을 실패로 돌아가게 함으로써, 독일의 공군 사령관 H. 괴링을 비참한 실의 속에 빠지게 한 것이었다.

그 후 영국의 레이더 개발에는 더욱 박차가 가해져 초단파, 마이크로파의 각종 레이더가 개발되었다. 레이더 실용화에 있어서는 미국보다 영국이 몇 걸음을 앞서 있었다.

레이더

미국에서는 일부 해군 관계자들만이 레이더(Radar)라고 불렀는데, 그 이름이 일반화된 것은 1943년경부터다.

미국의 해군 연구소에서는 영국보다 먼저 레이더 현상을 알

A. H. 테일러

아쳈다. 1922년에 A. 테일러와 L. 영은 단파의 전파 실험 중에 송신국과 수신국 사이에 자동차가 끼어들면 수신파가 교란된다는 사실을 알아냈다. 그들은 곧 포토맥강을 사이에 끼고 양쪽 기슭에 장치를 설치해 보았다. 그랬더니 선박의 통행에 따라서 수신 전파가 변동되어 분명하게 인지되지 않는가! 그래서 그들은 이 현상을 항만관리용으로 활용할 수 있을 것 같다고 생각했다. 그러나 그 현상이 일어나는 이유에 대해서는 도무지 알 수 없었는데, 1925년에 이르러서야 겨우 이동체의 표면에서 단파의 전파가 반사되기 때문에 일어나는 현상이라는 것을 알게 되었다.

1930년이 되자 테일러 그룹 중 한 사람이던 L. 하일랜드가 이번에는 단파송신국과 수신국 사이에 비행기가 끼어들면 전파에 간섭이 일어난다는 것을 발견했다. 그들은 이 때문에 하늘로도 눈을 돌려야 하게 되었다. 이것으로부터 완전히 새로운 전파병기가 만들어질 수 있다고 확신하고 FM식 레이더 개발을 신청했다. 그러나 군의 수뇌부에서는 레이더 기술이란 전투에 직접적으로 이용되는 병기가 아니며, 전투를 유리하게 전개하게 할 통신 장치와 같은 보조 수단으로도 적합하지 못할 것이라고 판단하고 말았다. 게다가 민간 기업과 협의해서 민간용으로 개발해 봤자 도저히 채산이 맞지 않을 것이라는 군부의 예측까지 덧붙였다. 영국의 경우처럼 적절한 원조는 받을 수 없었으나 그래도 가까스로 개발비를 얻어 낼 수는 있었다.

그들은 1931년에 60MHz파의 FM 레이더로 65㎞ 전방에 있는 비행기를 탐지했다. 그러나 이 장치는 송신기와 수신기를 분리해서 설치해야 했기 때문에 함선용으로는 부적합했다. 그렇지만 도시 방위를 생각하고 있던 육군은 이 장치에 흥미를 보였다.

해군 연구소에서는 다음번의 과제로, 이 분리되어 있는 송신기와 수신기를 한곳에 설치할 수 있는 레이더를 개발하는 데 목표를 두었다. 이 목적을 위해서 영의 시사에 따라 1932년부터 펄스 레이더 개발에 착수했던 것이다. 그리하여 1936년에는 28MHz의 펄스식 레이더를 개발했고, 다시 레이더의 분해 능력을 향상시키기 위해서 파장이 1.5m인 것을 1937년에 개발했으며, 1938년에는 실전용 XAF 레이더가 전함 뉴욕호에 장비되기에 이르렀다. 그리하여 태평양전쟁이 시작된 1941년에는 19척의 함선이 레이더를 장비하고 있었다.

한편 육군에서도 1931년에 열, 적외선, 전파를 이용한 비행기 탐지를 생각하고 통신대(Signal Corps) 연구소가 그 개발에 종사했다. 당초 9㎝파의 FM식 레이더를 개발했는데, 송신관의 마그네트론 출력이 극히 약했기 때문에 탐지 거리가 불과 수백 미터까지밖에 이르지 못했다. 그래서 R. 콜튼을 중심으로 진공관식 펄스식 레이더 개발에 나서서, 1936년에 만들어진 1.1m파의 레이더에서는 35㎞ 전방의 B-10B 폭격기를 탐지하기에 이르렀다. 그리고 1937년에는 실전용 SCR-268과 270 레이더가 각각 개발됐던 것이다(그림 7-4).

미국에서는 민간에서도 독자적인 레이더 개발을 추진하여 레이더 현상을 발견한 기업이 적지 않았다. 그중에서도 1937년

〈그림 7-4〉 미 육군 통신대 연구소에서 만들어진 SCR268 레이더[29]

RCA사의 전파고도계(電波高度計)는 항행용 계기로서 전파 응용 기기의 한 분야를 개척했다고 할 수 있다.

 그런데 미국의 레이더는 진공관식으로서 그 탐지 거리와 식별 능력이 그리 뛰어나지 못했다. 그 레이더가 비약적인 진보를 하게 된 것은 1940년에 체결된 영국과의 군사기술 자료 교환협정에 의거해서 영국과 레이더를 공동으로 개발하게 되면서부터다. 여기서 미국은 MIT에 방사연구소를 설립하고 대규모 연구를 시작했다. 이때 영국에서 가져온 10㎝파의 고출력 마그네트론이 미국에게는 최대의 선물이 되었다. 이 마그네트론 레이더는 영국에서 고출력, 고분해능의 레이더를 낳게 했으며 밤과 낮, 기후에 관계없이 단순히 적기의 탐지에만 그치지 않고 사격용을 비롯해서 폭격기를 목표로 유도하는 것, 폭격 조준과 그 밖에도 선박과 비행기의 안전 항법에 이르기까지 여러모로 레이더 응용기술을 낳게 했던 것이다.

한편 영국은 이 협정을 통해 미국으로부터 듀플렉서(Duplexer), 즉 한 안테나로 송신과 수신을 하는 장치에 대한 기술을 획득했다.

프랑스의 레이더

그러면 프랑스에서는 어땠을까? 그곳에서는 1934년에 선박의 장애물 탐지용으로 미터, 데시미터파의 응용에 힘을 쏟고 있었다. 그리하여 1935년에는 기선 노르망디호에 히르스마이어가 제안한 장치와 비슷한 장애물 탐지 장치를 장치했다. 20㎝파를 이용해서 선박은 10㎞ 전방에서, 해안선은 20㎞ 전방에서 탐지가 가능했다고 한다. 이 장치는 브라운관 위에 물체를 표시하는 것이 아니고 수화기로써 신호를 가려듣는 방식이었는데, 1936년에는 르아브르항의 항만 관리용으로도 이용했다고 한다. 프랑스의 레이더는 이렇게 진정 평화적 목적을 위한 것이었다.

뷔르츠부르크

독일에서는 레이더를 가리켜 뷔르츠부르크라 불렀다.

이미 1935년에 텔레푼켄사에서는 10㎝파를 이용한 미스터리 레이 시스템(Mystery-Ray System)을 발표하고 안개 속에서도 비행기를 탐지할 수 있다고 선전하고 있었다. 그 후 해군용은 아르게마사에서 제조되고 있었는데, A. 히틀러는 늘 단기 결전을 염두에 두고 있었으므로 레이더는 공격 용병기가 되지 못할 것이라고 판단했다. 그래서 레이더의 개발은 부득이 한때 중단되고 말았다. 그리고 다시 연구가 시작됐을 때는 이미 다른 나

〈그림 7-5〉 벨기에의 첩보원이 촬영한 대형 뷔르츠부르크[21]

라들보다 뒤처진 결과가 되었다. 독일에서는 고출력 마그네트론을 제조할 수 없었기 때문에 뷔르츠부르크는 진공관식이었고 사용 파장은 50cm였다(그림 7-5).

3. 일본의 레이더 개발

고민하는 기술자들

일본에서는 레이더를 전파탐지기라 부르고 이것을 줄여서 전탐(電探)이라고도 하였다.

도호쿠대학에서 통신 관련 연구가 독자적인 꽃을 피우기 시작했을 무렵, 도쿄(東京)대학에서는 자신들도 전파 응용에 관한 연구를 무엇인가 하나 해 보자고 의견을 모았지만 레이더와 같은 적절한 과제를 찾지 못했었다.

그 후 단파통신에 흥미를 가졌던 해군에서 전리층으로부터의 반사전파를 측정하고 있는 동안에, 서서히 전파의 반사파를 어떻게든 물체를 탐지하는 데 응용하고자 함에 착안하여 1930년 학술연구회에 제안했다. 그때 단파로는 불가능할 것이고 초단파라면 가능할지 모른다는 결론이 나왔으나, 그런 목적을 위한 구체적인 아이디어가 없이 단순한 착상에만 그치고 말았다.

그러던 중 미국으로부터 '150㎞ 전방에 있는 비행기를 전파로써 발견하는 방법'을 팔러 왔다는 소문이 퍼졌다. 그러나 전문가들은 '그것이 사실이라면 왜 팔러 왔겠는가' 하고 생각하고 있었다. 어쨌든 이런 일이 있기도 해서 1936년이 되자 '전파에 의한 비행기 탐지'를 어렴풋이나마 누구나 다 생각하고 있었다. 육군 과학연구소에서는 민간 기업과 대학의 협력을 얻어 전파 경계기의 연구에 나서게 되었다.

레이더 현상의 발견

그럴 때에 마침 고바야시가 두 번째 영국 출장에서 돌아왔다. 그는 육군 과학연구소의 사다케 기술대위와 술자리를 함께하며 영국에서의 이야기를 나누었다. 고바야시가 지난번에 영국을 방문했을 때는 공장의 구석구석까지 구경시켜 주었는데, 이번 방문에서는 초단파의 텔레비전 부분만은 보여 주지 않더라고 투덜댔다고 한다. 사다케 대위에게는 언뜻 가슴에 짚이는 것이 있었다. 그것은 비행기가 텔레비전의 수신을 방해한다는

고바야시 마사쓰구   이토 요지

이야기가 보고된 것을 어느 잡지에선가 읽었던 기억이었다. 곰 곰이 생각해 볼수록 심상찮은 사태의 중요성이 인식되어 두 사 람은 마신 술이 깨 버렸다.

며칠 후, 다치카와 비행장 옆에 고바야시 팀이 장치를 가지 고 나타났다. 그리고 그 장치에 스위치를 넣자마자 미터의 지 침이 흔들리는 것이 아닌가. 그것도 비행기가 한 대씩 떠오를 때마다 그것에 맞춰서 바늘이 흔들리고 있었다. 일본에서의 레 이더 현상 발견은 미국에 6년, 영국보다는 5년 뒤처져 있었다. 이것이 동기가 되어서 1939년 육군에서는 미터파에 의한 FM식 전파탐지기의 첫 실험을 하게 되었던 것이다.

한편 해군에서는 1933년에 적과 아군을 식별하기 위한 초단 파 이용에 관한 연구를 시작했고, 레이더 현상은 1940년 요코 하마 앞바다에서 행한 관함식(觀艦式) 때에 발견되었다. 시위용 으로 가져갔던 10m파의 파라볼라 안테나(Parabola Antenna)로 육지와 군함 사이에서 마이크로파 통신을 하고 있을 때, 갑자 기 송신 측에 급격한 레벨 변동이 일어났다. 마침 그때 양쪽

234

〈그림 7-6〉 전함 이세에 장비된 21호 전파탐지기[58]

안테나의 중앙을 바로 항공모함 아카기가 통과하고 있었다. 이것이 계기가 되어 해군도 이토를 중심으로 레이더에 대한 연구, 개발을 적극적으로 시작하게 된 것이다.

실전용 전파탐지기

마침 그 무렵, 군 관계 유럽 시찰단이 돌아와서 영국과 독일에서의 펄스 방식 레이더에 관한 실정이 보고되어 레이더 기술 관계자들이 활기를 띠기 시작했다. 그들이 노력한 보람이 있어 1941년에는 육군의 미터파 실험용 레이더가 250㎞ 전방의 비행기를 탐지하기에까지 이르렀고, 해군에서도 나중에 '22호 전탐'이라 불리는 10㎝파의 수상경계용 레이더 실험에 성공하였다.

그러나 군의 수뇌부는 여전히 레이더의 유효성에 대해서는 도무지 생각조차 하려 들지 않았다. 전파를 내는 장치는 도리어 적에게 자기 위치를 알려주는 것과 같은 것이다. 그보다는 야간의 암시(暗視)* 장치인 녹토비전(Noctovision)을 개발해야 한다고 생각하고 있었다. 그들이 레이더의 중요성을 깨닫고 허둥대기 시작한 것은 태평양전쟁에 돌입한 1942년에 싱가포르와 코레히도르에서 영국과 미국의 레이더를 빼앗고 나서부터다. 그해 육군에서는 4m파의 실전용 대공전탐 '다치6'을, 해군에서는 이듬해에 1.5m파의 '21호 전탐'을 완성했다. 그 후 육군에서는 17종의 레이더를, 해군에서는 11종의 레이더를 제조했다(그림 7-6).

일본의 레이더 연구, 개발은 군과 민간 기업, 연구자들 사이에 도무지 보조가 맞지 않아 헛되이 시간을 낭비한 결과를 가져왔다.

4. 태평양전쟁과 레이더

진주만의 해석

1941년 12월, 일본이 2차 세계대전에 참전한 바로 그날, 이미 일본 해군 항공대는 하와이의 진주만으로 향하고 있었다. 이때 미국군은 이미 500세트의 레이더를 보유하고 있었고, 오아후섬 오파마에는 2.7m파의 원거리 대공경계 레이더 SCR270이 설치되어 있었다. 남진하던 일본의 제로식 전투기가 오아후섬 북방 220㎞ 지점에서 미군의 레이더 화면에 포착된 것은 말할 것도 없다. 그런데 공교롭게도 이때 미군에는 때마침 미국 본토로부터 같은 시각에 하와이로 도착하게 예정되어 있던 B-17 폭격기대가 비행할 것이라고 알려져 있었다. 그

_____
* 편집자 주: 어두운 데서 물체를 보는 일

래서 미군 담당자는 일본기의 편대를 B-17 폭격기대일 것이라고 잘못 알고 이 정보를 무시해 버렸던 것이다. 그 후 감시소의 화면에는 비행대가 오아후섬 35㎞ 지점까지 확인됐다가 화면에서 사라져 버렸기 때문에 기술자들은 레이더의 전원을 끊어 버리고 감시를 계속하지 않았다고 한다. 그리고 이날의 사건 결과는 "눈을 의심하라, 레이더를 믿어라"라는 쓰라린 교훈으로 남았다고 한다.

당시 일본군 수뇌부는 레이더 개발 같은 것은 염두에도 없었다. 승리는 오직 평소의 훈련 덕택이라고 자신만만했다. 일본 해군에는 야간에도 500m 전방에 있는 함선을 식별할 수 있는 군인들이 있었고, 광학 기기를 이용하면 8㎞ 전방의 함선을 높은 정밀도로 폭격할 수 있는 훈련을 쌓고 있었다. 야간 전투는 일본 해군의 장기였다. 그러나 미국의 대(對)함선용 레이더 개발이 가속되고, 처음에는 10㎞ 정도이던 탐지 거리가 개량되어 나중에는 20㎞ 전방도 높은 정밀도로 탐지할 수 있게 되자 호각(互角)을 겨루던 전쟁은 이미 상대할 수 없게 되고 말았다.

1942년 10월, 과달카날섬 북방에서 야간에 연합국 측의 레이더 사격에 조우하자 일본 측은 큰 피해를 입었다. 이때까지는 그래도 아직 겨루어 볼 만하다고 할 수 있었다. 그러나 그 후 일본 해군은 연합군 레이더의 위협 앞에 힘을 못 쓰고 차츰차츰 자신감을 잃어 갔다.

1943년 5월에는 연합군의 공격에서 빠져 있었던 알류샨열도의 애투섬 수비대를 구출하려고 출동했던 일본의 잠수함대는 짙은 안개를 이용해서 떠오르다가 연합군의 레이더 사격을 받았다. 사방으로 뿔뿔이 흩어진 잠수함대가 다시 대열을 정비하려 했지만 안개 속에서 뜻대로 되지 않았고, 그렇다고 전파를 발사해서 서로 교신을 하면 도리어 적에게 도청돼서 위치를 알려 주게 될 뿐이라 결국은 뜻을 이루지 못하고 도망쳐 왔다.

레이더 기술의 차이

그때까지 일본 해군의 함선 중 일부에는 실험용 레이더 장치가 실려 있기는 했다. 전함 이세(伊勢)에는 대공용이, 전함 휴가에는 대(對)수상용 레이더가 실려 있었다. 또 항공모함 즈이카쿠의 레이더 등은 1942년에 있었던 산호해해전에서 연합군 측의 비행기를 포착하기도 했다. 그러나 그런 정도로는 상대가 되지 않았다. 과학의 차이, 기술의 차이를 인정하게 된 일본 군부는 그제서야 겨우 레이더 채용을 단행했던 것이다. 해군은 구레군항에 정박 중이던 순양함급 이상의 모든 군함에 레이더를 장비했다. 그 가운데는 적의 레이더 전파 수신용 장치인 전파탐색기, 이른바 역탐(逆探)이라 불리는 것을 장비한 군함도 있었다. 이로써 이제 연합군과 맞겨룰 수 있게 됐다고 장병들의 사기가 드높아졌다. 그러나 전쟁터에서는 최우수 병기만이 승리를 거둘 뿐, 두 번째로 우수한 병기는 아무 쓸모가 없는 것이다.

1944년 10월, 필리핀의 레이테만으로 야간 공격을 감행한 일본군은 하늘에 조명탄을 쏘아 올렸다. 불의의 습격을 당한 연합국 측은 곧 연막탄을 터뜨려 시야를 가린 다음 레이더 사격으로 맞섰다. 일본군도 이에 대응해 레이더를 동작시켰으나 그 분해 능력이 나빠서 섬과 함선을 화면 위에서는 분리해 낼 수 없었다고 한다. 전투는 연합국 측의 승리로 끝났는데 이 승

238

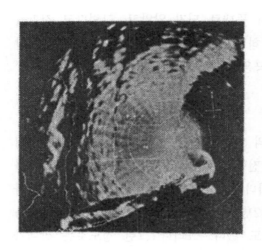

〈그림 7-7〉 6,000m 상공의 기상에서 관찰한 보스턴 주변의 PPI 레이더 화상[50]

전의 이유는 펄스기술에 있어서는 물론, 디스플레이(Display)의 기술에서도 차이가 있었다는 것이다. 연합국 측은 레이더 화면이 조감도식(鳥瞰圖式)인 PPI(Plan Position Indication) 방식(그림 7-7)을 이용하고 있었으나 일본 측은 구식 A-스코프(A-Scope) 방식을 사용하고 있었다. 그뿐 아니라 일본 측 레이더에는 주포(主砲: 가장 강력한 포)를 쏠 때마다 그 진동으로 고장이 속출했다고 한다.

또 전파의 전파에 대한 인식에도 차이가 있었다. 일본 함선은 수평선을 넘어선 가시거리 외 지점에 있는 연합국 측의 포격을 받는 일이 자주 있었다. 적함이 보이지 않는데도 포탄이 날아왔던 것이다. 그들은 레이더 전파의 가시거리 밖을 향한 회절전파 특성과, 특수한 기상 상태에 따라서 전파가 지극히 멀리에까지 도달하는 이른바 덕트 전파(Duct 傳播) 등을 인식하고 이용하고 있었다. 반면 일본 측의 레이더는 대(對)항공기를 주체로 삼고, 대(對)함선용의 10㎝파 레이더인 '22호 전탐'의 실용화가 지연되어 전함 '야마토'만 해도 오키나와로 특공 출격을 하기 직전에야 겨우 장치했던 것으로 알려져 있다. 레이더파의 가시거리 외 전파 같은 것은 생각조차도 못 했던 것이다.
그런데 일본 기술자들은 전파의 전파특성을 조사했을 때 가시
거리 밖으로 전파되는 전파를 포착하고는 있었다. 그러나 그것
을 실용화와 결부시키지 않았던 것은 무엇 때문이었을까?

엇물리는 톱니바퀴

일본군의 레이더 개발은 한마디로 말해서 엉망진창이었다고
해야 할 것이다. 레이더 개발의 초기에 있어서는 연구자들과
군 수뇌부 사이에 의견이 일치하지 않았고, 막상 개발하기로
하자 이번에는 얼마 안 되는 연구자들을 놓고 육군과 해군 사
이에서 쟁탈전이 벌어졌다. 그리고 연구, 개발은 육군과 해군
사이에서조차 극단적인 분파주의로 진행되었다. 마침내는 소량
의 레이더가 이것저것 수많은 종류로 제조됐으나 그것들 사이
에는 일정한 부품의 규격마저 없었다. 일본의 레이더에 불만을
품은 일부 군 기술자들 중에는 잠수함으로 들여온 독일 뷔르츠
부르크의 설계도야말로 진짜라는 사람까지 나타나고, 여기에
독일 규격의 것까지 끼어들어 난장판을 이뤘다. 제조에 있어서
제품의 규격, 공정의 관리 같은 것은 실시된 적도 없었고, 일본
이 자랑하던 정신력도 여기서는 아무짝에도 쓸모가 없었다. 게
다가 재료 부족에 시달려야 했고 완성된 제품은 신뢰성이 지극
히 나빴다. 설상가상으로 레이더를 다룰 통신병도 응급, 속성
교육으로 기술을 익힌 사람들이어서 기술자라고 부르기에는 너
무나 거리가 멀었다.

또 해군에서는 대출력 마그네트론 개발에 성공한 뒤로는 레
이더 빔(Radar Beam)에 대전력을 통해서 살인광선을 만드는

연구로도 치닫고 있었다. 50m 전방에 있는 쥐를 죽일 수 있는 데까지는 성공했었다고 알려져 있으나 그것을 위해서는 발전소 하나만큼의 전력이 필요했다고 한다. 개개인의 헌신적인 노력 에도 불구하고 MIT 방사연구소의 연구, 개발 시스템 앞에는 도저히 맞설 수가 없었다.

전쟁과 기술이라는 문제를 놓고 생각해 보면 "우수한 병기를 가진 자가 승리한다"는 한마디로써 끝난다. 그러나 국운을 거 는 비상한 노력 뒤에서 숱한 인명이 희생돼야 한다는 데는 무 엇이라고 형언할 수 없는 복잡한 심정이 될 수밖에 없다.

5. 레이더를 이용한 원격탐사

원격탐사

레이더는 당초 물체를 검출할 목적으로 개발되었으나, 현재 는 물체의 탐지뿐만 아니라 그 물체의 성질까지도 어느 정도는 조사할 수 있는 단계에 이르렀다. 먼 곳에 있는 것을 굳이 거 기까지 가지 않더라도 조사할 수가 있다. 이와 같은 기술을 원 격탐사(遠隔探査)라고 부르며, 현대 전파기술의 한 커다란 분야 를 이루고 있다 해도 지나친 말이 아니다. 빛이나 적외선을 이 용한 원격탐사(Remote Sensing)도 중요하지만, 전파를 이용한 리모트 센싱은 관측, 조사, 항법 등에는 빼놓을 수 없는 기술이 다. 원격탐사를 위한 레이더 기술은 목적에 맞춰서 잘 검토되 고 있다. 레이더파의 주파수나 파형 등이 그 기본적인 것이다.

관측을 위해서

기상 관측 레이더에서는 빗방울로부터의 센티미터파의 전파의 반사현상을 이용하고 있다. 이 레이더에서는 태풍이나 전선(前線)의 위치 등을 조사할 수 있을 뿐만 아니라 그 지방에 내린 강우량까지도 산출해 낼 수 있는 것이 특징이다. 또 그 지방의 풍향, 풍속을 측정하는 것 외에 빗방울의 형상까지도 알 수 있다고 한다.

구름 관측용 레이더는 구름 입자에 의한 밀리미터파의 반사현상을 이용해서 구름의 형상이나 분포를 알아내는 레이더이다. 구름의 형상을 판단하는 기능을 레이더에 넣으면 번개 예보나 용오름 예보도 가능하다. 이들 기상 레이더를 인공위성에 실어 두면 지구상의 광범위한 지역에서의 기상정보를 얻을 수 있다. 레이더야말로 근대 기상 관측에 없어서는 안 된다고 할 수 있다.

해상(海象) 관측 레이더에서는 밀리미터파를 이용해서 파랑을 관측할 수 있다. 또 전파반사체를 해상에 뿌려서 그것의 이동상태를 조사하면 조류(潮流)의 방향이나 속도를 알 수도 있다. 센티미터파를 이용한 유빙(流氷) 관측도 추운 지방에서는 중요하다. 레이더라고 하면 마이크로파나 밀리미터파의 레이더를 연상하지만 훨씬 더 긴 파장의 레이더도 중요하다.

초단파 레이더는 전리층의 영향을 받지 않기 때문에 대기 상층부의 성질을 조사하는 데 이용된다. 유성(流星)의 비행 궤적이 전파를 반사하는 현상을 이용해서 대기 상층부의 풍향과 풍속뿐만 아니라 기체 밀도 등의 정보를 얻을 수도 있다.

단파를 이용한 레이더는 전리층을 발견하는 실마리가 된 고전적인 것이다. 단파는 전리층과 대지 사이에 다중반사를 하면서 전파해 가기 때문에 전리층이나 해양에 일어나는 현상의 관측에는 가장 적합하다.

저기압에 의한 해양의 파랑현상이나, 해류의 속도 측정 또는 태양 표면의 폭발에 의한 전리층 이상현상 등의 관측 말고도, 해양에서의 해일의 전파 등에 대해서도 직접적인 관측이 가능하다. 해일의 파동은 해면 위의 대기 속에 귀에는 들리지 않는 초저주파의 음파를 발생시킨다. 이 음파가 성층권(成層圈)을 통과하여 마침내 전리층에 도달해서 그 형상에 변화를 일으킨다. 이 전리층의 변화를 관측하려는 것이다.

단파는 가시거리 외에도 도달하므로 가시거리 밖의 영역에 있는 물체나, 커다란 기상 변화 등도 포착할 수 있다. 해양 등을 광범위하게 조사할 수 있는 것이 단파 레이더의 특징이다. 또 목적에 따라서는 중파가 이용되는 경우도 있다.

안전을 위해서

비행기의 앞쪽 끝에는 기상 관측 레이더가 있어서 에어포켓 (Air Pocket)이나 대기 난류를 발견하여, 승객에게 되도록 불쾌감을 주지 않게 항로를 결정하는 데에 이용되고 있다.

해난구조용 비행정 등에는 그 지점에 착수가 가능한지를 조사하기 위해서 풍향, 풍속, 파고(波高) 등을 측정하는 레이더를 싣고 있어야 한다. 또 별난 예로는 북극 주변의 과학 조사용 비행기도 있다. 얼음판 위에 착륙해야 하기 때문에 얼음의 두께가 착륙 때의 충격을 견뎌 낼 수 있는지를 조사할 목적으로 레이더를 싣고 있다.

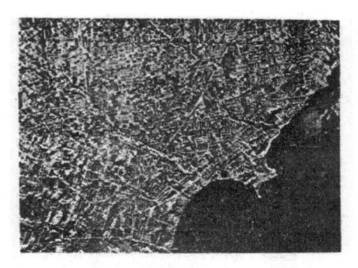

〈그림 7-8〉 개구합성 레이더로 그린 디트로이트의 모습[27]

조사를 위하여

우주탐색선에서는 원격탐사 기술을 빼놓을 수 없다. 미지의 행성의 대지 어딘가에 착륙하려고 할 때 그 지점을 미리 조사해야 한다.

이동 중인 비행기로부터 전파를 발사해서 대지 위의 지도를 그려 내게 할 목적으로 만든 개구합성(開口合成) 레이더는 새로운 형식의 레이더이다. 전파를 이용한 측정은 주야의 구별 없이 가능하므로 극지에 가까운 일조량이 적은 곳에서도 이용할 수 있다(그림 7-8).

또 달에 착륙한 아폴로(Apollo) 계획 때는 달 표면에 반사해 오는 레이더의 전파를 애리조나 사막에서의 레이더 반사파와 비교해서 달 표면 상태를 예측했다고도 한다.

244

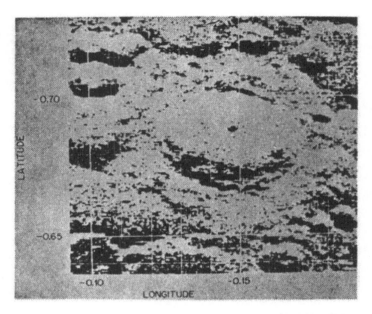

〈그림 7-9〉 3.8㎝파 레이더에 의한 월면 크레이터 티코의 모습[28]

  대지로부터의 레이더 반사파는 대지 속의 수분 비율에 민감
하다. 해빙, 호빙(湖氷), 굳어져 쌓인 근설(根雪, 묵은눈)이나 툰드
라 지대, 강우나 홍수가 있었던 지역 등의 조사에는 안성맞춤
이다. 지구물리학자들에게 있어서 전파의 반사파는 지형, 지리,
해양, 지도, 식생(植生), 농업, 토목, 수문(水文) 등과 관계해서
많은 정보를 제공해 준다. 새로운 예로는 동물학자들의 레이더
를 이용한 철새의 습성과 생태 조사가 있다.
  그러나 뭐니 뭐니 해도 웅대한 것은 레이더 천문학일 것이
다. 이 분야는 1946년에 달로부터 레이더 반사파를 수신했을
때부터 시작되었다. 지상에서 금성이나 화성으로 전파를 보내
어, 거기서 반사되어 오는 지극히 미약한 전파를 수신해서 그

것을 계산기로 처리하여 별의 전파 화상을 얻으려는 것이다. 행성탐색용 인공탐색선의 계획이 없었던 시대에는 사람들이 이처럼 레이더 천문학의 개발, 연구에 노력을 아끼지 않았다(그림 7-9).

후기

전파기술을 이해해 주기를 바라는 마음에서 이것저것 썼지만 결국은 전파공학의 역사를 쓴 것이 되고 말았다. 국어나 역사가 싫어서 공학의 길을 택한 저자에게 기술사(技術史)를 운운할 능력 같은 것은 티끌만큼도 있을 턱이 없으나, 될 수 있는 대로 발명, 발견의 동기를 소중히 하고 발상(發想)의 흐름을 매끄럽게 전개해 나가려고 마음을 썼다.

그런데 흔히들 말하기를 역사를 통해서 기술에 대한 폭넓은 이해를 얻을 수 있지만, 그것으로부터 새로운 착상이 나오기는 어렵다고 한다. 그러나 현재는 낡은 것을 새로운 눈으로 다시 관조(觀照)하는 것이 요망되는 시대다. 완성된 것의 장래에는 그 이상의 발전을 바랄 수 없고 그리 매력도 없다. 한편 역사상으로 나타난 원시적인 것에는 가능성을 숨긴 에너지가 있다. 잠깐 쉬어 가면서 역사를 알아보는 것도 무엇인가 플러스가 되지 않을까?

기술이란 도대체 무엇일까? 현대야말로 한 사람, 한 사람이 그것을 생각해야 될 때라고 생각한다. 전파와 인간의 관련성이 전보다도 훨씬 더 밀접해지고 있다고 생각하는 것은 비단 저자 혼자뿐일까?

어쨌든 총명한 독자께서는 본문에서 사용한 그림 등에 통일성이 없다는 것을 알아챘을 것으로 생각한다. 착상이나 아이디어는 그것의 원본이야말로 진정 진짜라는 생각, 또한 굳이 저자의 생각 같은 것은 끼워 넣지 않고 그림도 되도록 원본에 가

까운 것을 보여 주자는 생각으로 다음의 책들에서 인용한 결과
이다. 이 참고 서적들이 없었다면 이 책의 존재란 생각할 수
없었을 것이다. 이 책들의 저자와 관계자 여러분에게 두터운
감사를 드린다. 독자 여러분께서 이 점을 이해해 주시기를 바
라며, 전파의 역사에 관해서 더 알고 싶은 분들에게 좋은 참고
가 되기를 바란다.

참고문헌

(1) H. Hertz : Electric Wave, 1962, Dover.

(2) O. Lodge : Signaling Across Space Without Wire, 1900, Van Nostrand.

(3) J. Fahie : A History of Wireless Telegraphy, 1901, Dodd, Nead.

(4) J. Poincare et. al. : Maxwell's Theory and Wireless Telegraphy, 1904, Archibald Constable.

(5) G. Pierce : Principle of Wireless Telegraphy, 1910, McGraw Hill.

(6) J. Zeneck : Wireless Telegraphy, 1912, McGraw Hill.

(7) A. Fleming : The Principles of Electricwave Telegraphy and Telephony, 1917, Longman, Green.

(8) A. Morse : Radio : Beam and Broadcast, 1925, Ernest Benn.

(9) E. Hawks : Pioneers of Wireless, 1927, Methuen.

(10) G. Blake : History of Radio Telegraphy and Telephony, 1928, Chapman & Hall.

(11) A. Harlow : Old Wires and New Waves, 1936, Appleton-Century Co.

(12) O. Dunlap : Marconi, 1937, Macmillan Co.

(13) G. Archer : History of Radio, 1938, American Historical Society.

(14) R. Keen : Wireless Direction Finding, 1938, Iliffe & Son.

(15) O. Dunlap : Radar, 1946, Harper & Brothers.

(16) D. McNicol : Radio's Conquest of Space, 1946, Murray Hill.

(17) J. Crowther et. al. : Science at War, 1947, His Majesty's

Stationary Office.

(18) W. MacLavrin : Invention and Inovation in the Radio Industory, 1949, Macmillan.

(19) H. Hancock et. al. : Wireless at Sea, 1950, Marconi International Marine Communication Co.

(20) G. Southworth : Fourty Years of Wireless, 1962, Gordon and Breach.

(21) J. Ziman : Fourve of Knowledge, 1976, Cambridge Univ. Press.

(22) S. Schelkunoff et. al. : Antennas, 1952, John Willy.

(23) R. Hansen(ed.) : Microwave Scanning Antennas, 1964, Academic Press.

(24) J. Krauss : Radio Telescope, 1966, McGraw Hill.

(25) A. Watt : V. L. F. Radio Engineering, 1967, Pergamon.

(26) M. Skolnik : Radar Handbook, 1970, McGraw Hill.

(27) R. Harger : Synthetic Aperture Radar System, 1970, Academic Press.

(28) W. Kock : Radar, Sonar and Holography, 1973, Academic Press.

(29) J. Brooks : Telephone, 1975, Harper and Row.

(30) 宗友蔘雄 : 『航空無線』, 1940, 文憲堂

(31) 高木純一 : 電氣の歷史, 1967, オーム社

(32) 電子通信學會 : 電子通信學會50年史, 1967, 電子通信學會

(33) 日本科學史學會 : 日本科學技術史大系(電氣), 1969, 第1法規出版

(34) S. Uda : Short Wave Projector, 1974.

(35) 前田憲一他 : 電波伝搔, 1953, 岩波書店

(36) 前田憲一 : 電波工學, 1959, 共立出版

(37) 官憲一 : 衛星通信工學, 1969, ラテイス

(38) 海洋科學基礎講座 : 海洋物理 I, 1970, 東海大學出版會

(39) 前田憲一, 木村磐根: 電磁波動論, 1970, オーム社

(40) 関口利男: 電磁波, 1976, 朝倉書店

(41) Proc. *I. R. E.* 1917, 1928, 1929, 1931, 1933, 1934, 1935, 1945, 1946, 1958

(42) Proc. *Roy. Soc.* London (A) 1912, 1925

(43) Proc. *A. I. E. E.* 1923

(44) *Telefunken Zeitung.* 1930.

(45) 電氣學會雜誌, 第120号, 1898

(46) 電波研李報, 1966, VOL. 12, No63 11月号

(47) 電氣試驗所研究報告 第2部 第1号1 1913

(48) 名古屋大學空電研パンフレット, 1968

(49) 丸スペシャルNo12, 1977, 潮書房

역자 후기

자연과학의 입장에서 볼 때, 전기는 분명 신비로운 것이다. 직접적으로는 볼 수도 들을 수도 없으면서도 무엇인가 존재하는 것을 느끼게 하는 이것은, 처음 발견한 사람들에게는 물론 현대인에게도 역시 불가사의한 존재다. 기술적 관점에서 보면 전기는 에너지의 원천으로서, 또한 정보의 전달 매체로서 이용되고 있다.

일반적으로 과학과 기술은 어느 시대에 있어서나 잘 조화가 이뤄졌다고만은 할 수 없다. 사람의 필요를 충족시키는 데서 비롯된 기술의 발전이 반드시 과학의 성과 위에서만 이루어진 것은 아니다. 19세기까지는 물론, 그 후에도 과학과 기술 사이의 유리(遊離)현상은 해소되지 않은 채로, 때로는 기술이 과학의 진보를 기다리지 않고 독자적인 발전을 지속하는 경향이 있다.

이상과 같은 동향에도 불구하고 전기에 대한 과학과 기술은 비교적 깊은 유대관계를 지속하고 있다고 할 수 있다.

이 책에서는 이상과 같은 동향을 잘 보여 주고 있으며 저자의 착상을 나타내는 많은 도면을 삽입함으로써, 전기의 실체를 파악하기 위한 선인들의 노력과 이것을 정보 전달에 활용하기 위한 부단한 기술 개발의 노력의 발자취를 여실히 보여 주고 있다.

과학기술의 역사를 돌이켜 보는 것은 역사적 사실을 알아 둔다는 것 이상으로 한 과학기술에 대한 발상을 이해하고, 앞으로의 새 과학기술을 개발하는 데 밑거름이 되는 것이므로 선인

254

들의 발상 과정은 또한 우리에게 많은 시사와 암시를 제시할 수 있는 것이다.

인간 상호 간의 의사 전달이나 정보의 교환은 사람의 사회성을 고려할 때 그 일상생활에 있어서 의식주에 버금가는, 때로는 이들과 동등할 정도의 중요성을 지니고 있다. 그렇기에 사람들의 행동반경 확대와 복잡화하는 사회성과 더불어 통신기술의 발전은 직접적으로 우리 생활에 큰 영향을 주는 것이며, 통신 거리의 확장은 그 신뢰성의 증대와 더불어 이 기술 발전의 지표가 되어 왔다. 직접 빛이나 음파에 의한 통신 거리에 제한을 당했을 때, 미지의 신비로운 매체로 등장한 전기를 이용하고자 하는 노력은 일찍부터 시작된 것이다. 전파과학기술은 이와 같은 전기적 통신기술의 핵심이 되고 있다. 따라서 현대 통신기술 발달의 역사는 전파기술의 발전과 그 길을 같이하고 있다.

또 통신기술에서 출발한 전파기술은 현재 전자기술의 기본이며 시초를 이루고 있음을 전파과학기술의 역사가 잘 보여 주고 있는 것이며, 앞으로도 계속 새로운 전자과학 및 기술 발전의 기반을 제공할 것이다.

이상과 같은 의미에서도 이 책에서처럼 전파과학기술의 발전 과정을 살펴보는 것은 무한한 의의를 지니는 것이라고 할 수 있다.

전파기술과 관련되는 장래 과제 중 하나는, 전파환경 문제(EMC, Electromagnetic Compatibility)일 것이며, 이것은 전파공해(電波公害)와 직결되는 것으로서 전파기술 발전과 더불어 그 사회성이라는 입장에서 근래에 더욱 주목되고 있는 분야이기도 하다.

끝으로 한마디 덧붙여 두고 싶은 말은 전파기술의 역사와 배경을 훑어볼 만한 책이 그리 없는 우리에게 이 책은 많은 지식을 제공해 줄 뿐만 아니라, 그 전개도 소설을 읽듯이 힘들지 않게 잘 엮어져 있다는 점에서도 전파학도나 종사자는 물론 일반인에게도 널리 권하고 싶다는 것이다. 이 역서가 독자 여러분에게 약간의 도움이 된다면 역자들의 기쁨이 아닐 수 없다.

역자를 대표해서
이정한

전파기술에의 초대

그 발전과 발상의 흐름을 캔다

초판 1쇄   1982년 09월 30일
개정 1쇄   2019년 02월 01일

지은이   도쿠마루 시노부
옮긴이   이정한, 손영수
펴낸이   손영일
펴낸곳   전파과학사
주소   서울시 서대문구 증가로 18, 204호
등록   1956. 7. 23. 등록 제10-89호
전화   (02)333-8877(8855)
FAX   (02)334-8092
홈페이지   www.s-wave.co.kr
E-mail   chonpa2@hanmail.net
공식블로그   http://blog.naver.com/siencia

ISBN 978-89-7044-857-2 (03560)
파본은 구입처에서 교환해 드립니다.
정가는 커버에 표시되어 있습니다.

도서목록
현대과학신서

도서목록
BLUE BACKS